高等职业教育艺术设计新形态系列"十四五"规划教材

园林植物识别与应用

YUANLIN ZHIWU SHIBIE YU YINGYONG

郑浴　罗盛　陈舒静　主编

西南大学出版社
国家一级出版社 全国百佳图书出版单位

图书在版编目（CIP）数据

园林植物识别与应用 / 郑浴 , 罗盛 , 陈舒静主编
. — 重庆 : 西南大学出版社 , 2023.7
　 ISBN 978-7-5697-1678-8

　Ⅰ . ①园… Ⅱ . ①郑… ②罗… ③陈… Ⅲ . ①园林植
物 – 识别 Ⅳ . ① S688

中国版本图书馆 CIP 数据核字（2022）第 215872 号

高等职业教育艺术设计新形态系列"十四五"规划教材

园林植物识别与应用
YUANLIN ZHIWU SHIBIE YU YINGYONG

郑浴　罗盛　陈舒静　主编

选题策划：龚明星　袁　理
责任编辑：杜珍辉　袁　理
责任校对：朱春玲
装帧设计：沈　悦　何　璐
排　　版：黄金红
出版发行：西南大学出版社（原西南师范大学出版社）
地　　址：重庆市北碚区天生路2号
本社网址：http://www.xdcbs.com
网上书店：https://xnsfdxcbs.tmall.com
印　　刷：重庆康豪彩印有限公司
幅面尺寸：210 mm×285 mm
印　　张：8
字　　数：218千字
版　　次：2023 年 7 月 第 1 版
印　　次：2023 年 7 月 第 1 次印刷
书　　号：ISBN 978-7-5697-1678-8
定　　价：65.00 元

FOREWORD
前言

园林植物是构成园林景观的重要因素，园林景观质量很大程度上取决于园林植物的选择和配置。"园林植物识别与应用"是高职高专园林专业一门重要的专业基础课程。通过学习，学生应掌握园林植物形态特征、系统分类、生态习性、地理分布和园林用途，为今后从事园林植物景观设计、施工、养护工作打下良好的基础。

本教材在编写过程中结合园林行业岗位职业能力的需求，打破传统的学科体系，按照"必须、够用"的原则，收集西南地区常用的园林植物信息，每种植物配套有不同器官、典型识别特征及园林应用的彩色图片，打破时空的局限，让学生能直观地把握这些园林植物的特征及用途。本书在结构上以工作任务为教学单元，让学生在精美的植物图片中发现植物的美、领略植物配置的乐趣。学生通过教材设计的实训项目能准确识别西南地区常见的园林植物，掌握这些园林植物的生态特征及应用形式。本书语言简洁，图文并茂，内容翔实，既可作为园林等相关专业的教学用书，也可作为园林设计、施工人员及园林爱好者的参考用书。

本教材由重庆工程职业技术学院郑浴、罗盛、陈舒静担任主编。郑浴编写项目一、项目四及项目二和项目五的技能训练相关内容；罗盛编写项目三；陈舒静编写项目二、项目五的任务部分内容；全书由郑浴统稿。

由于编者水平和能力有限，书中存在一些疏漏和不足之处，希望使用本教材的教师、学生和同行批评指正，以便及时修改完善。

在编写过程中，编者参阅了相关教材、专著等图文资料，在此向这些资料的原创作者表示诚挚感谢！

编者

2022 年 5 月

目录
CONTENTS

项目一
植物学基础知识

任务一 植物器官的形态观察 002

工作任务　　002

学习目标　　002

任务实施　　002

任务二 园林植物的分类 013

工作任务　　013

学习目标　　013

任务实施　　013

项目二
园林植物的作用及美学特征

任务一 园林植物的作用 026

工作任务　　026

学习目标　　026

任务实施　　026

任务二 园林植物的美学特性 032

工作任务　　032

学习目标　　032

任务实施　　032

项目三
园林植物造景的原则及形式

任务一 园林植物造景的基本原则 040

工作任务　　040

学习目标　　040

任务实施　　040

任务二 园林植物造景的基本形式 048

工作任务　　048

学习目标　　048

任务实施　　048

项目四
常见园林植物的识别

任务一 针叶类树木的识别与应用 062

工作任务　　062

学习目标　　062

任务实施　　062

任务二 庭荫树的识别与应用 065

工作任务　　065

学习目标　　066

任务实施　　066

任务三 观花、观果园林树木的识别与应用 069

    工作任务   069

    学习目标   069

    任务实施   069

任务四 观叶类园林植物的识别与应用 073

    工作任务   073

    学习目标   074

    任务实施   074

任务五 绿篱、藤本类植物的识别与应用 078

    工作任务   078

    学习目标   078

    任务实施   078

任务六 特型植物、竹类植物的识别与应用 082

    工作任务   082

    学习目标   082

    任务实施   082

任务七 水生植物的识别与应用 086

    工作任务   086

    学习目标   086

    任务实施   086

项目五
植物造景设计案例分析及调查

任务一 城市广场、商业区植物造景设计 090

    工作任务   090

    学习目标   090

    任务实施   090

任务二 居住区的园林植物造景设计 095

    工作任务   095

    学习目标   096

    任务实施   096

任务三 城市公园的园林植物造景设计 108

    工作任务   108

    学习目标   109

    任务实施   109

任务四 庭院的植物造景设计 117

    工作任务   117

    学习目标   117

    任务实施   117

任务五 植物造景设计训练 120

    工作任务   120

    学习目标   120

    任务实施   120

参考文献   122

二维码资源目录

二维码资源目录

序号	码号	资源内容	所在章节	所在页码
1	码4-1	常见针叶类园林树木	项目四	063
2	码4-2	常见庭荫树种	项目四	067
3	码4-3	常见观花类树木	项目四	070
4	码4-4	常见观果类树木	项目四	071
5	码4-5	常见观叶类植物	项目四	075
6	码4-6	常见的绿篱植物	项目四	080
7	码4-7	常见的藤本植物	项目四	080
8	码4-8	常见的特型植物	项目四	083
9	码4-9	常见的竹类植物	项目四	083
10	码4-10	常见的水生植物	项目四	087

项目一

植物学基础知识

任务一 植物器官的形态观察

任务二 园林植物的分类

YUANLIN 园林植物识别与应用

ZHIWU SHIBIE YU

YINGYONG

任务一 植物器官的形态观察

工作任务

1. 任务提出

区分植物的各个器官，尝试描述植物各器官的形态特征。

2. 任务分析

植物是由各器官组成的，搞清楚植物各个器官的形态特点才能对园林植物进行准确鉴定。形成园林植物的形态识别基础是学好园林植物知识的关键。只有将理论与实践紧密结合起来，学生才能顺利完成后续具体植物的形态识别任务。

3. 任务要求

（1）学习植物器官特征描述常用形态术语；

（2）观察植物，描述并记录其器官的形态特征。

学习目标

1. 知识目标

（1）掌握植物根、茎、叶、花、果实及种子等器官的类型、组成和形态特征；

（2）熟悉根、茎、叶的变态现象及其类型，注意根和茎的区别；

（3）了解叶序、花序、果实及种子类型。

2. 能力目标

（1）能对植物各器官进行准确辨别；

（2）能用自己的语言描述植物各器官的形态特征。

3. 思政目标

（1）培养生命意识，让学生学会尊重生命；

（2）培养学生的法治意识。

任务实施

一、材料和用具

在本地区生长的各类树种、相机、放大镜、枝剪、记录本等。

二、任务步骤

1. 认识园林植物各器官

植物体中具有一定的外部形态和内部结构、由多种组织构成，并执行一定生理功能的组成部分称作植物的器官。被子植物的器官分为根、茎、叶、花、果实和种子六个部分，其中根、茎、叶为营养器官，起着吸收、制造和运输营养物质的作用，花、果实和种子为繁殖器官，主要功能是繁殖后代。

1）植物的根

根是某些植物长期适应陆上生活过程中，发展起来的一种向下生长的器官。根通常呈圆柱形，没有节与节间的分化，不能产生叶和花，也没有生长位置固定的芽。根具有向地性、向湿性和背光性，主要功能是吸收、输导、固着、支持、贮藏和繁殖等。

（1）根的类型

按来源可分为主根、侧根和纤维根（图1-1a）。主根是由胚根直接发育而来。主根上产生的各级大小分枝称为侧根，侧根上形成的小分枝叫纤维根。

(a) 定根　　　　　　　(b) 不定根

图1-1 植物的根

按发生部位可分为定根和不定根（图1-1）。定根是直接或间接由胚根生长出来的，有固定的生长部位。许多植物除产生定根外，还能从茎叶老根或胚轴上生出根，这类根因发生位置不固定，故称为不定根。如小叶榕枝干上、绿萝茎上生出的根。

（2）根系的类型

根系是一株植物全部根的总称，分直根系和须根系两类（图1-2）。

①直根系，由主根和各级侧根组成，主根发达、明显，极易与侧根区别。大多数的乔木、灌木和一些草本植物均属直根系，如雪松、银杏、桂花、碧桃、蒲公英等。

②须根系，主要由不定根组成，没有明显的主根、侧根之分，整个根系形如须状。大部分单子叶植物如百合、水仙、麦冬、结缕草等植物的根系都是须根系。

(a) 直根系　　　　　　(b) 须根系

图1-2 植物根系的类型

（3）根的变态

有些植物的根在长期适应环境的过程中，在形态、结构和生理功能上，都出现了很大的、可稳定遗传的变化，这种变化称为根的变态，出现了显著变化的根称为变态根。常见的植物根的变态有如下类型：

①贮藏根，植物的根因贮藏营养物质部分或全部变得肥大，根据其来源及形态的不同又可分为肉质根和块根（图1-3）。如君子兰、吊兰等植物的根为肉质根；葛藤、大丽花等植物的根为块根。

②气生根，是生长在空气中的一种变态根。气生根因作用不同，又分为呼吸根、支柱根和攀缘根。如绿萝、石斛兰、常春藤、榕树、兰花、凌霄等（图1-4）。

(a) 吊兰的肉质根　　　(b) 大丽花的块根

图1-3 贮藏根

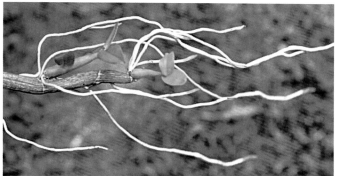

(a) 绿萝的气生根　　　(b) 石斛兰的气生根　　　(c) 常春藤的气生根

图1-4 气生根

③寄生根，营寄生生活的被子植物，如菟丝子，它的茎缠绕在寄主的茎上，并生出许多吸器，吸器伸入寄主茎的内部组织，它们的维管组织与寄主的维管组织相连接，以此吸收寄主的水分和养料。这些吸器就是寄生根，是一种不定根的变态（图1-5）。

(a) 菟丝子的吸器   (b) 槲寄生

图1-5 寄生根

2）植物的茎

植物的茎是由胚芽发育而来，常生长在地上，有的植物的茎也生长在地下，称为地下茎。茎通常具有主干和多级分枝，在枝条上生长叶子，具有输导、支持、贮藏和繁殖等作用。

（1）茎的基本形态

植物的茎一般为圆柱形；有的呈四棱柱形，如彩叶草、薄荷等植物的茎；有的呈三角形，如莎草的茎；有的呈扁平形，如仙人掌的茎。茎通常实心，有的植物的茎是空心的，如竹类植物。茎的顶端有顶芽，叶腋有腋芽，茎上着生叶和腋芽的部位称为节，节与节之间称为节间，节和节间是茎的主要形态特征；节上还生有叶、花和果实。木本植物的茎上还分布有叶痕、托叶痕、芽鳞痕、维管束痕和皮孔等（图1-6）。

图1-6 枝条的形态

（2）茎的类型

按茎的质地可分为木质茎与草质茎。木质茎的质地坚硬，木质部发达。具木质茎的植物称为木本植物，包括乔木、灌木和木质藤本。草质茎的质地柔软，木质部不发达。具草质茎的植物称为草本植物，常分为一年生草本、二年生草本、多年生草本及草质藤本。

按茎的生长习性可分为直立茎、缠绕茎、攀缘茎、匍匐茎、平卧茎（图1-7）。

(a) 香樟的直立茎   (b) 牵牛的缠绕茎   (c) 葡萄的攀缘茎

(d) 铜钱草的匍匐茎   (e) 地锦草的平卧茎

图1-7 茎的类型

直立茎：不依附他物，直立生长于地面的茎，如香樟、玉兰等。

缠绕茎：细长、自身不能直立，常缠绕他物作螺旋状生长的茎，如牵牛、紫藤、忍冬等。

攀缘茎：细长、自身不能直立，只能依靠攀缘结构攀附他物生长的茎，如葡萄、爬山虎、南瓜等。

匍匐茎：细长柔弱，平铺于地面蔓延生长，节上生有不定根的茎，如铜钱草等。

平卧茎：细长柔弱，平铺于地面蔓延生长，节上没有不定根的茎，如地锦草、酢浆草等。

（3）茎的变态

茎为满足一定的功能，在形态和结构上都发生变化，称为茎的变态。常见的茎的变态有以下几种（图1-8）。

① 根状茎，生长在地下，性状与根相似的茎称为根状茎，如竹类、鸢尾、睡莲等植物都有根状茎。根状茎有节与节间之分，节上有退化鳞叶，叶腋中的腋芽或根状茎的顶芽可形成向上的地上枝，节上能产生不定根，因此具繁殖能力。

② 贮藏茎，生长在地下，可贮藏养分的茎，包括球茎、块茎、鳞茎等。如：唐菖蒲、小苍兰、秋水仙等的茎为球茎；花叶芋、马蹄莲、仙客来等植物的茎为块茎；风信子、百合、水仙等植物的茎为鳞茎。

③ 茎卷须，由某些攀缘植物的侧枝发育而成，呈卷须状，用以攀缘向上生长，如南瓜、丝瓜、葡萄的卷须。

④ 茎刺，又称枝刺，是由茎变成的，具有保护功能。如柑橘、山楂、皂荚的茎刺。

⑤ 叶状茎，植物一部分茎变为绿色扁平状或针叶状，代替叶

(a) 莲藕的根状茎

(b) 马铃薯的贮藏茎

(c) 葡萄的茎卷须

(d) 柑橘的茎刺

(e) 蟹爪兰的叶状茎

图1-8 变态茎

进行光合作用，而真正的叶则完全退化或不发达，这类茎称作叶状茎。如昙花、蟹爪兰、天门冬等。

3）植物的叶

叶是植物的营养器官之一，主要进行光合作用、蒸腾作用，同时还具有吸收和繁殖等作用。

（1）叶的形态

植物的叶一般由叶片、叶柄和托叶三部分组成。根据叶的构成可将叶片分为完全叶和不完全叶，这三部分俱全的叶称为完全叶，如构树、日本晚樱、桃、月季等植物的叶；只具备其中一个或两个部分的，称为不完全叶，如香樟、丁香、台湾相思树等（图1-9）。叶片是叶的主要部分，一般为绿色薄的扁平体，有上表面与下表面之分；叶柄为叶片与茎枝连接的部分；托叶是叶柄基部的附属物，常成对着生于叶柄基部两侧，有些植物的托叶一生都在，有的早落。

叶尖
叶片
主脉
侧脉
叶缘
叶基
叶柄
托叶
叶

(a) 叶的组成

叶片
叶柄
托叶
(b) 构树的完全叶

叶片
叶柄
(c) 香樟的不完全叶

叶状柄
(d) 台湾相思树的不完全叶

图1-9 叶的组成部分

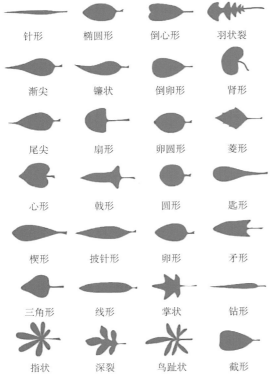

图 1-10 叶的各种形状

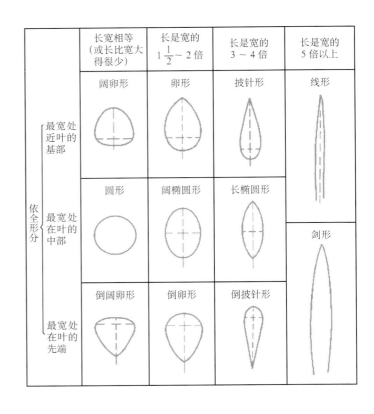

	长宽相等（或长比宽大得很少）	长是宽的 $1\frac{1}{2}$ ~ 2 倍	长是宽的 3 ~ 4 倍	长是宽的 5 倍以上
最宽处近叶的基部	阔卵形	卵形	披针形	线形
最宽处在叶的中部	圆形	阔椭圆形	长椭圆形	剑形
最宽处在叶的先端	倒阔卵形	倒卵形	倒披针形	

依全形分

叶的形态是识别植物的重要特征之一，对叶的形态描述包括叶片的形态、叶序、单叶与复叶以及异形叶性等方面，其中叶片的形态主要描述叶形，以及叶缘、叶裂、叶尖、叶基、叶脉等部位的特征，还要描述叶片质地。

①叶片的形态

叶形包括卵形、圆形、针形、心形、肾形、匙形等（图1-10）。如马尾松的叶呈针形，慈姑的叶呈箭形，荷花的叶呈盾形。

叶缘指叶片的周边。叶缘形状主要包括全缘、锯齿和缺刻等类型（图1-11）。如香樟、紫荆、女贞的叶为全缘；山茶、樱花、月季等的叶呈锯齿状。

依据叶子缺刻的深浅可将叶裂分为浅裂、深裂和全裂三种类型。浅裂的叶片缺刻最深不超过叶片的1/2；深裂的叶片缺刻超过叶片的1/2但未达中脉或叶的基部；全裂的叶片缺刻则深达中脉或叶的基部，是单叶与复叶的过渡类型，有时与复叶并无明显界限。根据全裂叶片的裂片的数目不同，可分为三裂、五裂等。

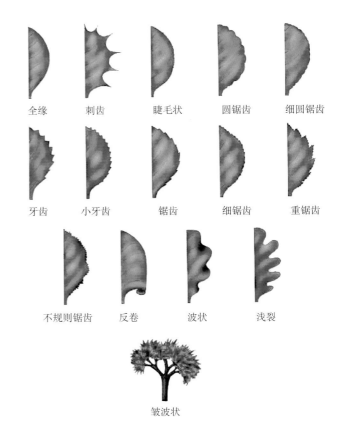

图 1-11 叶缘的各种形态

叶尖包括渐尖、急尖、突尖、尾尖、凹缺、圆形、截形等类型（图1-12），如海桐叶叶尖呈圆形，紫叶李、金樱子叶尖属急尖，枸骨叶尖带刺齿。

叶基包括心形、楔形、戟形、箭形、圆形等（图1-13）。如紫荆的叶基呈心形；枇杷、红叶石楠等的叶基呈楔形；榆树、朴树、榉树等的叶基偏斜。

叶脉在叶片上的分布形式称为脉序。脉序主要有网状脉、平行脉、叉状脉等形式（图1-14）。

质地：叶片的质地有革质、草质、纸质、肉质、膜质等类型。革质：叶片较厚，表皮细胞明显角质化，叶坚韧光亮，如女贞、广玉兰、石楠等。草质：叶片软，含水多，多为草本植物，如一串红、鸡冠花、薄荷等。纸质：叶片较薄而柔软，多为木本植物的叶，如榆、杨、柳等。肉质：叶片肥厚，含水较多，如景天、长寿花等。膜质：叶片的质地柔软而极薄，如麻黄、黄花倒水莲。

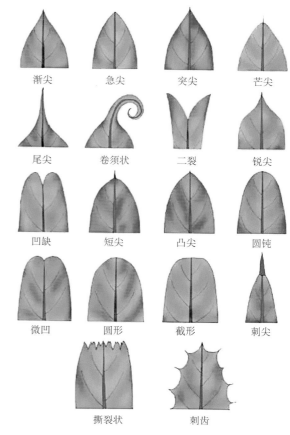

图1-12 叶尖的各种形态

（渐尖　急尖　突尖　芒尖　尾尖　卷须状　二裂　锐尖　凹缺　短尖　凸尖　圆钝　微凹　圆形　截形　刺尖　撕裂状　刺齿）

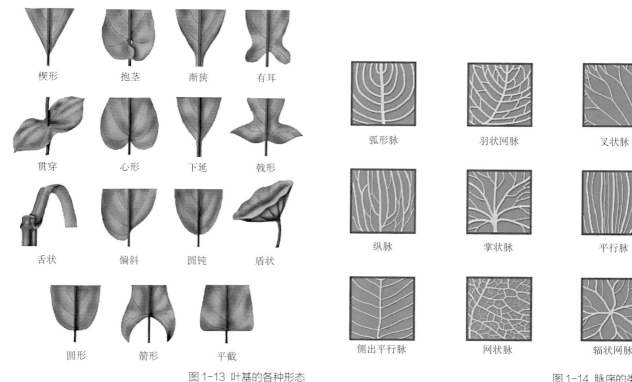

（楔形　抱茎　渐狭　有耳　贯穿　心形　下延　戟形　舌状　偏斜　圆钝　盾状　圆形　箭形　平截）

图1-13 叶基的各种形态

（弧形脉　羽状网脉　叉状脉　纵脉　掌状脉　平行脉　侧出平行脉　网状脉　辐状网脉）

图1-14 脉序的类型

②叶序

叶在茎枝上排列的次序或方式称为叶序。有互生、对生、轮生、集生和簇生这5种类型（图1-15）。

③单叶与复叶

一个叶柄上只着生一片叶片，称单叶，如丁香、紫荆等；一个叶柄上着生两片及以上叶片的，称复叶，如月季、栾树、蓝花楹等。复叶可分为三出复叶、掌状复叶、羽状复叶、单身复叶（图1-16）等类型。

④异形叶性

同一株植物具有不同形状的叶，这种现象称为异形叶性。如胡杨树幼树时期叶子全是披针形；到了青年树龄，叶子基本是椭圆形；老树的叶子基本是心形，边缘有浅裂；中老龄树三种形态叶子共存。壮年圆柏鳞形叶与刺形叶共存（图1-17）。异形叶性的发生有两种情况：一种是由于植株发育年龄的不同，所形成的叶形各异；另一种是由于外界环境的影响，叶的形态发生变化。

（2）植物叶的变态

变态叶：由于功能改变而引起形态和结构都发生变化的叶。常见叶的变态有以下几种（图1-18）。

①苞片，生于花或花序下面的变态叶，如向日葵花序外的总苞。

②鳞叶，特化或退化成鳞片状的叶。鳞叶可分为革质鳞叶、肉质鳞叶和膜质鳞叶三种类型。革质鳞叶又称芽鳞，用以保护幼嫩的芽组织；肉质鳞叶存在于鳞茎上；膜质鳞叶大多是地下茎上退化的叶，叶薄、膜质且干燥。

③叶刺，叶片或托叶变态成刺状。如仙人掌、小檗的刺，是由叶退化而成的；酸枣、刺槐的刺是由托叶退化而成的。

④叶卷须，植物的叶呈纤细的卷曲状，植物可借助其攀缘生长，如豌豆的卷须是由复叶顶端的小叶片变态而成的。

⑤叶状柄，叶柄特化成叶片状，代替叶片的功能，如台湾相思树。

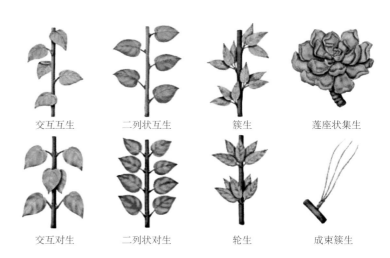

交互互生　　二列状互生　　簇生　　莲座状集生

交互对生　　二列状对生　　轮生　　成束簇生

图1-15 叶序的类型

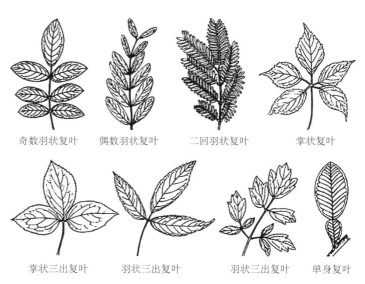

奇数羽状复叶　　偶数羽状复叶　　二回羽状复叶　　掌状复叶

掌状三出复叶　　羽状三出复叶　　羽状三出复叶　　单身复叶

图1-16 复叶的主要类型

（a）胡杨的异形叶性　　（b）圆柏的异形叶性

图1-17 异形叶性

⑥捕虫叶，食虫植物的叶，叶片呈囊状、盘状或瓶状，如捕蝇草、茅膏菜、猪笼草等。

4）植物的花

花是被子植物的繁殖器官，在植物的个体发育中，花的发育标志着植物由营养生长转入生殖生长。完全花通常由花柄、花托、花萼、花冠、雌蕊和雄蕊组成（图1-19）。

花托是花柄的顶端部分，通常膨大，有各种形状。

花被由花萼和花冠组成。花萼多数为绿色，位于花各部的最外轮。花冠由花瓣组成，常具鲜艳的色彩，存在于花萼的内轮。花冠的形状多样，是植物的典型识别特征之一（图1-20）。

雌蕊位于花的中央部分，由柱头、花柱及子房（图1-21a）三部分构成。

雄蕊（图1-21b）由花丝和花药两部分组成，位于花冠的内侧。

（a）向日葵的总苞

（b）洋葱的鳞叶

（c）金琥的叶刺

（d）台湾相思树的叶状柄

（e）豌豆的叶卷须

（f）猪笼草的捕虫叶

图1-18 叶的变态类型

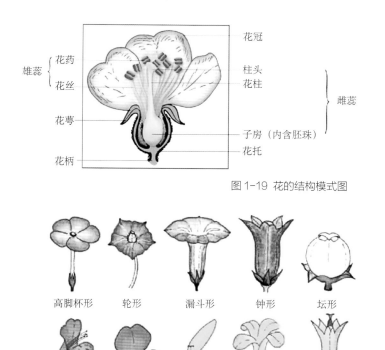

图1-19 花的结构模式图

上位子房　下位子房　周位子房

（a）子房的类型

全着药　基着药　丁字药　内向药　外向药

瓣裂　孔裂　横裂　纵裂　聚药雄蕊

四强雄蕊　二强雄蕊　二体雄蕊　单体雄蕊

（b）雄蕊的类型

图1-21 子房和雄蕊的类型

高脚杯形　轮形　漏斗形　钟形　坛形

唇形　蝶形　舌形　十字形　筒形

图1-20 花冠的形态

花序，有些植物是一朵花单生在茎上，成为单生花；有的植物是数朵花按一定的规律排列在花轴上，称为花序（图1-22）。

5）植物的果实和种子

（1）植物的果实

植物的果实是被子植物的雌蕊经过传粉受精，由子房或花的其他部分（如花托、萼片等）参与发育而成的器官。

①果实的构成

果实一般包括果皮和种子两部分，其中，果皮又可分为外果皮、中果皮和内果皮，果皮内生长着种子（图1-23）。

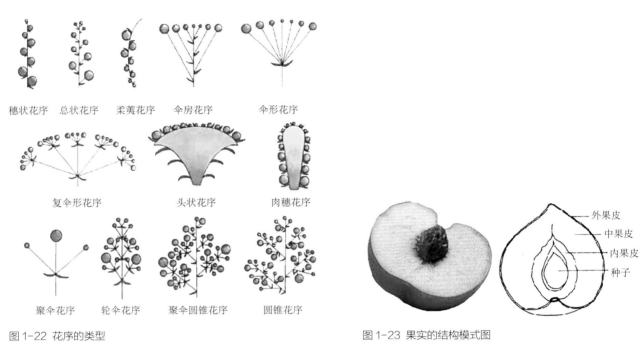

穗状花序　总状花序　柔荑花序　伞房花序　伞形花序

复伞形花序　　头状花序　　肉穗花序

聚伞花序　轮伞花序　聚伞圆锥花序　圆锥花序

图1-22 花序的类型

图1-23 果实的结构模式图

（外果皮／中果皮／内果皮／种子）

②果实的类型（图1-24）

真果与假果：真果是由子房发育而来的，如桃、李、杏等，大多数植物的果实属于这一类型；假果的发育过程除子房外还有花的其他部分参与，如苹果、梨及瓜类的果实。

单果、聚合果和聚花果：单果是由一朵花中的单雌蕊或复雌蕊发育而成，如番茄、核桃等；聚合果是由一朵花中多数离生雌蕊联合发育而成，如草莓、芍药、玉兰等；聚花果是由整个花序发育而成，如菠萝、无花果、桑葚等。

坚果（栎）　坚果（铁木）　坚果（山核桃）　聚花果（桑）　聚花果（悬铃木）

翅果（槭树）　翅果（榆）　荚果（紫荆）

浆果（柿）　翅果（白蜡）　坚果（七叶树）　核果（朴）　核果（稠李）

球果（落羽杉）　球果（油松）　蒴果（柳）　聚花果（枫香）　坚果（椴）

图1-24 果实的类型

（2）植物的种子

种子是种子植物特有的器官，是由胚珠经过传粉受精形成的，主要功能是繁殖。种子一般由种皮、胚和胚乳3部分组成，有的植物成熟的种子只有种皮和胚两部分。种子的形状、大小、色泽、表面纹理等随植物种类不同而异。种子常呈圆形、椭圆形、肾形、卵形、圆锥形、多角形等（图1-25）。

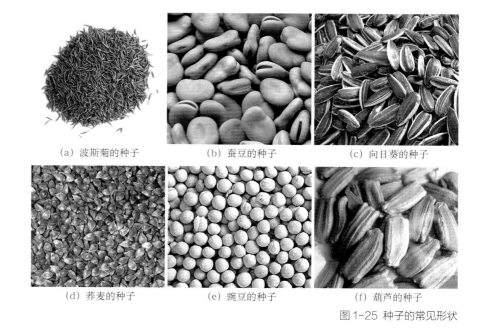

（a）波斯菊的种子　　（b）蚕豆的种子　　（c）向日葵的种子

（d）荞麦的种子　　（e）豌豆的种子　　（f）葫芦的种子

图1-25 种子的常见形状

2. 形态认知调查

完成某绿地园林植物的形态认知调查，并进行记录（表1-1至表1-3）。调查植物数量不少于10种。

表1-1 园林植物形态认知调查记录表（参考格式）

序号	植物	叶						花		果	枝干	其他特点
		叶序	叶形	叶缘	叶尖	叶基	叶脉	单花	花序			
1 2 3 4 5 6 7 8 9 10 ...												

注：植物需附图片，知道名称的还需标明植物名称。

表1-2 考核内容及评分标准（学生用）

班级		姓名			日期		
序号	评价要点				评价标准		
					优	良	中	差
1	按时出勤，遵守课堂纪律							
2	吃苦耐劳，能与老师、同学进行多向、丰富、适宜的信息交流							
3	能有效利用网络、图书资源等查找相关信息							
4	积极参与调研，能够提出有意义的问题或发表有意义的见解							
5	有计划地开展调研；能发现、提出有价值的问题；能分析问题、解决问题、创新问题							
6	保质保量按时完成调研报告；较好地掌握了专业知识点；具有较强的信息搜集和分析能力；具有较强的逻辑思维能力和表达能力							
课堂小结								

表1-3 考核内容及评分标准（教师用）

班级		姓名			日期		
出勤情况							
序号	评价要点				评价标准		
					优	良	中	差
1	明确任务要求，并能清晰描述							
2	材料、工具准备充分							
3	有调研计划							
4	积极主动，注意方法							
5	调研报告符合要求，内容全面、条理清晰、图文并茂							
6	植物器官的特征描述准确、恰当							
课堂小结								

任务二 园林植物的分类

工作任务

1. 任务提出
调查某绿地绿化植物人为分类的类型。

2. 任务分析
园林植物分类是植物景观设计、植物引种驯化、观赏植物种质资源保护等相关应用的前提。园林植物的分类在园林绿化生产实践中应用普遍，通过学习要知道植物的命名法则，能够根据不同的分类依据对各种园林植物进行合理分类。

3. 任务要求
（1）了解植物分类的各级单位；

（2）了解植物的拉丁学名的命名法则；

（3）学会按园林建设要求对植物进行人为分类。

学习目标

1. 知识目标
（1）掌握园林植物分类的方法，了解植物分类的各级单位；

（2）明确按建设要求可将园林植物分成哪些类型；

（3）理解园林植物的拉丁学名的组成。

2. 能力目标
能够对园林建设中的植物进行合理分类。

3. 思政目标
（1）帮助学生树立生态文明理念；

（2）培养学生实事求是、认真严谨的科学精神。

任务实施

一、材料和用具

本地区生长的各类树种、相机、记录本等。

二、任务步骤

在实践中，为了方便人们交流，方便识别和利用植物，形成了植物分类学，在植物分类学的发展过程中，形成了自然分类法和人为分类法。自然分类法从植物的形态和解剖构造特征入手，反映了植物的亲缘关系和从低级到高级的进化关系；人为分类法则按照园林建设的要求，以植物在园林中的应用为目的进行分类。

1. 自然分类法

自然分类法又称系统分类法，是按植物的亲缘关系进行分类的方法。

（1）植物分类的阶层系统

植物分类的主要工作之一是将植物按照一定的分类等级进行排列，用以表示每一种植物的系统地位和归属。植物分类的各级单位依次是界、门、纲、目、科、属、种。每个等级内如果构成繁多还可细分一个或两个次等级，如亚门、亚纲、亚目、亚科等。种以下可有亚种、变种和变型。以月季为例，其各级分类单位是：

界——植物界（Plantae）

门——种子植物门（Spermatophyta）

亚门——被子植物亚门（Angiospermae）

纲——木兰纲（Magnoliopsida）

目——蔷薇目（Rosales）

亚目——蔷薇亚目（Rosineae）

科——蔷薇科（Rosaceae）

亚科——蔷薇亚科（Rosoideae）

属——蔷薇属（*Rosa*）

亚属——蔷薇亚属（Subgen．*Rosa*）

种——月季花（*Rosa chinensis* Jacq.）

种（species）是植物分类的基本单位，指具有一定的自然分布区、一定的形态特征和生理特性的生物类群。同种植物的个体起源于共同的祖先，具有相似的形态特征，能自然交配产生遗传性相似的后代，要求相同的生态环境条件，有一定的自然分布区。种是生物进化和自然选择的产物，且种在长期的延续过程中会不断产生变化，在同种内出现差异集团，分类学家按照这些差异的大小，又将种分为亚种、变种和变型。

亚种（subspecies）：一般认为是一个种内的类群，在形态上多少有变异，并具有地理分布上、生态上或季节上的隔离，又称地理种或地理亚种。如凹叶厚朴是厚朴种内的一个亚种。

变种（varietas）：指一个种在形态结构上有显著变异，且变异比较稳定，它的分布范围或地区比亚种小得多，并与种内其他变种有共同的分布区，又称地方种。如黄花君子兰是大花君子兰种内的一个变种。

变型（forma）：指一个种有细小变异，如花色或果色、毛被情况等发生变异，且无一定分布区，仅零星存在于种群中。如重瓣木芙蓉是木芙蓉种内的一个变型。

品种（cultivarietas）：又称栽培品种，只用于栽培植物的分类，不属于自然分类的单位。品种是人类在生产劳动中培育出来的具有较大经济意义的变异，如色、香、味、形状、大小、高矮和产量等的不同。如火焰大花君子兰是大花君子兰的一个栽培品种。

（2）植物的拉丁学名

植物的拉丁学名即使用拉丁文的词或拉丁化的词来给植物命名，任何一种植物只有一个拉丁名，任何一个拉丁名只对应一种植物，解决了"同名异物"或"同物异名"的问题。植物的拉丁学名在世界各国通用，方便了植物的研究和利用。

植物的拉丁学名采用瑞典植物学家林奈所提出的双名法进行命名，即"属名＋种加词＋命名人"。如月季花的拉丁学名为 *Rosa chinensis* Jacq.，"*Rosa*"是属名（蔷薇属），植物的属名相当于人的"姓"，多为名词，书写时首字母一律大写，斜体；"*chinensis*"是种加词，类似于人的"名"，不可与属重复，通常是一个形容词，用以反映这个种最显著的特征，书写时斜体；"Jacq."为命名人的缩写，通常为命名人姓氏的缩写，第一个字母大写，缩写后附缩写符号"．"，命名人仅林奈时可缩写成"L."。

2. 人为分类法

园林植物的人为分类法是以自然分类法中的"种"为基础，根据园林建设中的应用所需，依据园林植物的生长习性、观赏特性、园林绿化应用、对环境因子的适应性等，将各种园林植物人为地划分为不同类型的方法。

（1）按植物的生长习性分类

按照植物的生长习性分为乔木、灌木、藤本、竹类、特型类植物、水生植物、地被植物和草本花卉等。

①乔木类植物

乔木类植物有明显且直立的主干，树体高度一般大于6 m。根据乔木高度的不同又可分为伟乔（大于31 m）、大型乔木（20 m以上）、中型乔木（11～20 m）和小型乔木（6～10 m）。依据冬季是否落叶，又可分为常绿乔木与落叶乔木。常见的常绿乔木有香樟、小叶榕、南洋杉、红豆杉、石楠、柑橘等；落叶乔木有银杏、朴树、水杉、池杉、枫杨、垂柳等（图1-26）。

②灌木类植物

灌木类植物没有明显的主干或是主干低矮，树体高度通常在6 m以下。根据冬季是否落叶，也可分为常绿灌木和落叶灌木。常见的常绿灌木有海桐、山茶、栀子、六月雪、八角金盘、红檵木等；常见的落叶灌木有结香、迎春、牡丹、贴梗海棠等（图1-27）。

(a) 香樟　　　(b) 乐昌含笑　　　(c) 南洋杉

(d) 银杏（秋）　　　(e) 朴树（夏）　　　(f) 水杉（夏）

图1-26 乔木类植物

(a) 红檵木　　　　　　(b) 海桐

(c) 栀子　　　　　(d) 迎春　　　　　(e) 结香

图1-27 灌木类植物

③藤本类植物

藤本类植物指不能直立生长，需依附他物才能向上生长的植物，依其生长特点可分为缠绕类、吸附类、卷须类、蔓生类。常见的藤本类植物有爬山虎、葡萄、猕猴桃、络石、油麻藤、紫藤、凌霄等（图1-28）。

④竹类植物

竹类植物属于禾本科，是中国古典园林造园的重要植物之一，历来深受我国文人的喜爱。园林里常见的竹类有黄金间碧玉竹、刚竹、紫竹、斑竹、凤尾竹、佛肚竹、龟甲竹等（图1-29）。

⑤特型类植物

特型类植物主要指具有特殊形态的植物，如棕榈科的棕榈、蒲葵、海枣，苏铁科的苏铁，天门冬科的龙舌兰、龙血树、丝兰等（图1-30）。这些在形态上特殊的植物在园林景观中能营造出特殊的景观效果。

⑥水生植物

水生植物是生长在水中或水边的木本和草本植物的总称。按照其生长特性，水生植物可分为以下类型：

挺水植物：其茎叶伸出水面，根和地下茎埋在泥里，如荷花、再力花、香蒲等（图1-31a）。

浮叶植物：其根生长在水下泥土之中，叶柄细长，叶片自然漂浮在水面上，如睡莲、芡实等（图1-31b）。

漂浮植物：这类植物的根系未扎根泥土，在水中漂浮不定，茎叶或叶状体漂浮于水面，常见的有浮萍、凤眼莲等（图1-31c）。

沉水植物：其植株全株沉于水中，根系也扎于水下泥土之中，如狐尾藻、眼子菜、海菜花等（图1-31d）。

（a）花叶蔓长春　　　　　（b）飘香藤　　　　　（c）爬山虎

图1-28 藤本类植物

（a）佛肚竹　　　　　（b）龟甲竹　　　　　（c）紫竹

图1-29 竹类植物

（a）苏铁　　　　　　　　　（b）金边龙舌兰

（c）蒲葵　　　　　　　　　（d）海枣

图1-30 特型类植物

⑦地被植物

地被植物通常指一些能够覆盖地面的低矮植物，包括草本以及矮小或匍匐的灌木或藤本植物，在阴湿的地方还可用苔藓和蕨类作为地被。草本地被植物如狗牙根、结缕草、红花酢浆草、麦冬等；灌木地被植物如铺地柏、平枝栒子等；藤本地被植物如常春藤、花叶蔓长春等（图1-32）。

⑧草本花卉

草本花卉根据其生长特性可分为一年生花卉、二年生花卉和多年生花卉（包括宿根花卉和球根花卉）（图1-33）。

一年生花卉：指在一年内完成生活史的花卉，多春天播种，夏、秋季开花结实，然后枯死，又称春播花卉。如向日葵、矮牵牛、凤仙花、鸡冠花。

二年生花卉：指需跨年才能完成生活史的花卉，多秋天播种，来年春季开花结实，然后枯死，又称秋播花卉。常见的有雏菊、三色堇、毛地黄等。

多年生花卉：指寿命超过两年，可多次开花结实的花卉。如玉簪、芍药、菊花、鸢尾、风信子、花毛莨等。

（2）按园林植物的观赏特性分类

园林植物按照观赏特性可分为观形类植物、观干枝类植物、观叶类植物、观花类植物、观果类植物、观根类植物和观芽类植物等。

（a）荷花　　　　　　　（b）睡莲　　　　　　　（c）凤眼莲　　　　　　　（d）狐尾藻

图1-31 水生植物

（a）花叶蔓长春　　　　　（b）麦冬　　　　　　（c）白花三叶草　　　　　（d）结缕草

图1-32 地被植物

（a）夏瑾（一年生花卉）　（b）三色堇（二年生花卉）　（c）蓝花鼠尾草（多年生宿根花卉）　（d）大丽花（多年生球根花卉）

图1-33 草本花卉

①观形类植物

观形类植物的形体或姿态优美，具有较高的观赏价值，这类园林植物树形、树姿或端庄、或高耸、或浑圆、或盘绕、或似游龙、或如伞盖（图1-34）。如雪松、龙柏、香樟、银杏、合欢、龙爪槐等。

②观干枝类植物

观干枝类植物的枝干往往具有奇特的色彩或独特的姿态（图1-35），如红瑞木、悬铃木、梧桐、佛肚竹、紫竹等。

③观叶类植物

观叶类植物叶片的叶色、叶形或着生方式具有独特的观赏价值（图1-36）。观叶色，如红叶石楠、山麻秆、香椿等植物的新叶呈红色，属春色叶类植物；黄栌、乌桕、银杏等植物到秋季叶片会变黄或变红，属秋色叶类植物；金边大叶黄杨、洒金桃叶珊瑚、红檵木、变叶木等植物的叶片四季基本不变，属于常色叶类植物。观叶形，如银杏、鹅掌楸、红枫等植物，其叶形特殊，具有观赏价值。

④观花类植物

观花类植物以花朵为主要的观赏部位，以其花大、花多、花艳或花香取胜（图1-37）。木本观花植物有玉兰、梅花、碧桃、海棠等；草本观花植物有菊花、兰花、大丽花、一串红等。

（a）苏铁（棕榈形）　　（b）桂花（圆球形）　　（c）垂柳（垂枝形）

图1-34 观形类植物

（a）黄金间碧玉竹　　（b）白皮松　　（c）玉蝶龙游梅

图1-35 观干枝类植物

（a）黄金串钱柳　　（b）春羽　　（c）红枫

图1-36 观叶类植物

（a）蔷薇　　（b）西洋鹃　　（c）蓝花楹

图1-37 观花类植物

⑤观果类植物

观果类植物的果实具有果形奇特、果色艳丽、果实巨大或果量大等特点（图1-38），如枇杷、山楂、石榴、葡萄、金橘、南天竹、枸骨等。

⑥观根类植物

观根类植物主要是植物的根具有较高的观赏价值（图1-39），如何首乌、榕树、黄葛树等。

⑦观芽类植物

观芽类植物因其叶芽或花芽肥大美丽而具有观赏价值，如银芽柳（图1-40）。

| (a) 佛手 | (b) 火棘 | (c) 枇杷 |

图1-38 观果类植物

| (a) 人参榕 | (b) 黄葛树 |

图1-39 观根类植物

| (a) 银芽柳 | (b) 染色后的银芽柳 |

图1-40 观芽类植物

（3）按园林绿化应用分类

园林植物按园林绿化应用可分为园景树，庭荫树，行道树，垂直绿化植物，绿篱类植物，室内装饰植物，造型类及树桩盆景、盆栽类植物。

①园景树

园景树又称独赏树，主要展示的是树木的个体美，可孤植于草坪或广场，亦可丛植在建筑外或花坛中，如银杏、水杉、金钱松、雪松等（图1-41）。

| (a) 银杏 | (b) 水杉 | (c) 南洋杉 |

图1-41 园景树

②庭荫树

庭荫树的树冠庞大，枝叶浓密，主要用于遮阳（图1-42）。庭荫树一般选择枝繁叶茂的高大的阔叶树种，如梧桐、香樟、黄葛树、枫杨、栾树等。

③行道树

行道树指沿道路、街道等整齐排列，用以遮阳或美化街景的树木（图1-43）。常见的行道树有重阳木、香樟、悬铃木、桂花、天竺桂、黄葛树等。此外，在热带地区，一些高大的棕榈类植物也可用作行道树，如假槟榔、椰子、蒲葵、老人葵等。

④垂直绿化植物

垂直绿化植物主要指藤本类植物，可用于各种棚架、墙面、栅栏、拱门、山石等的绿化（图1-44）。常见的有铁线莲、常春藤、爬山虎、蔷薇、藤本月季等。

(a) 黄葛树

(b) 菩提树

图1-42 庭荫树

(a) 国槐

(b) 悬铃木

(c) 大王棕

(d) 椰子

图1-43 行道树

(a) 蔷薇

(b) 铁线莲

(c) 凌霄

图1-44 垂直绿化植物

⑤绿篱类植物

绿篱类植物株型紧凑、分枝多、耐修剪，主要起到分隔空间、屏蔽视线、衬托景物等作用（图1-45）。绿篱根据其高度可分为绿墙、高绿篱、中绿篱和矮绿篱；依照植物的观赏特性又可以分为花篱、果篱、彩叶篱等。常见的绿篱植物有红檵木、金叶女贞、六月雪、杜鹃、珊瑚树等。

⑥室内装饰植物

室内装饰植物耐阴性强，可用于会场、门厅、室内等摆放观赏，依据其观赏特性可分为室内观叶植物、室内观花植物、室内观果植物。

室内观叶植物：散尾葵、袖珍椰子、龙血树、变叶木、绿萝、海芋、瓜栗、幌伞枫等（图1-46 a—c）。

室内观花植物：凤梨、石斛兰、茉莉花、天竺葵、百合、朱顶红、水仙、风信子等（图1-46 d—f）。

室内观果植物：金橘、佛手、柠檬、乳茄等（图1-46 g—i）。

(a) 花叶鹅掌藤　　　　(b) 珊瑚树　　　　(c) 南天竹

图1-45 绿篱植物

(a) 剑叶龙血树　　　　(b) 海芋　　　　(c) 袖珍椰子

(d) 朱顶红　　　　(e) 百合　　　　(f) 天竺葵

(g) 金橘　　　　(h) 乌柿　　　　(i) 乳茄

图1-46 室内装饰植物

⑦造型类及树桩盆景、盆栽类植物

用于造型或树桩盆景、盆栽的植物耐干旱瘠薄，寿命长，养护管理容易（图1-47）。这类植物经人工造型后具有较高的观赏价值。常见的盆景、盆栽类植物有榕树、罗汉松、金钱松、六月雪等。

（4）按对环境因子的适应性分类

根据气温因子分类：热带植物、亚热带植物、温带植物和寒带植物。

根据水分因子分类：耐旱植物、耐湿植物和中性植物。

根据土壤因子分类：根据对土壤酸碱度的适应性可分为耐酸性植物、耐碱性植物和中性植物；根据对土壤肥力的适应性可分为喜肥植物和耐瘠薄植物。

根据光照因子分类：阳性植物、阴性植物和中性植物。

| (a) 榕树 | (b) 罗汉松 | (c) 黑松 |

图1-47 造型类及树桩盆景、盆栽类植物

3. 完成某绿地园林植物的类群调查

完成某绿地园林植物的分类调查，并进行记录（表1-4至表1-6）。要求调查的植物数量不少于20种。

表1-4 园林植物分类调查记录表（参考格式）

序号	植 物	分类依据		
		生长习性	观赏特性	园林用途
1				
2				
3				
4				
5				
6				

续表

序号	植 物	分类依据		
		生长习性	观赏特性	园林用途
7				
8				
9				
10				
11				
12				
13				
14				
15				
16				
17				
18				
19				
20				
...				

注：植物需附图片，知道名称的还需标明植物名称。

表 1-5 考核内容及评分标准（学生用）

班级		姓名		日期			
序号	评价要点			评价标准			
				优	良	中	差
1	按时出勤，遵守课堂纪律						
2	吃苦耐劳，能与老师、同学进行多向、丰富、适宜的信息交流						
3	能有效利用网络、图书资源等查找相关信息						
4	积极参与调研，能够提出有意义的问题或发表有意义的见解						
5	有计划地开展调研；能发现、提出有价值的问题；能分析问题、解决问题、创新问题						
6	保质保量按时完成调研报告；较好地掌握了专业知识点；具有较强的信息搜集和分析能力；具有较强的逻辑思维能力和表达能力						
课堂小结							

表1-6 考核内容及评分标准（教师用）

班级		姓名		日期			
出勤情况							
序号	评价要点			评价标准			
				优	良	中	差
1	明确任务要求，并能清晰描述						
2	材料、工具准备充分						
3	有调研计划						
4	积极主动，注意方法						
5	调研报告符合要求，内容全面、条理清晰、图文并茂						
6	园林植物的人为分类准确、恰当						
课堂小结							

项目二

园林植物的作用及美学特征

任务一 园林植物的作用

任务二 园林植物的美学特性

YUANLIN

ZHIWU SHIBIE YU

YINGYONG

园林植物识别与应用

任务一 园林植物的作用

工作任务

1. 任务提出

调查某绿地，分析植物在其中是如何发挥组织空间和视线控制作用的。搜集园林植物对城市环境影响的相关资料，了解园林植物的生态功能。

2. 任务分析

园林植物是园林的重要组成元素，园林植物除了具有强大的生态作用外，还具有构造空间的功能。了解植物的生态功能和构造空间的功能，能够帮助设计者更好地运用植物进行园林造景。

3. 任务要求

（1）举例说明园林植物的生态功能；

（2）对给定绿地范围进行调查，分析植物如何行使其构造空间的功能。

学习目标

1. 知识目标

（1）掌握空间中通过植物控制视线的手法；

（2）熟悉植物对环境的改善及保护作用；

（3）了解五种植物空间类型。

2. 能力目标

（1）能说出植物对生态环境的改善及保护作用；

（2）能分析植物的空间构造原理。

3. 思政目标

（1）培养学生热爱祖国、热爱家乡、热爱大自然的意识；

（2）培养学生的环保意识；

（3）培养学生的专业价值，使其坚定职业理想，服务地方绿化。

任务实施

一、材料和用具

本地区的绿地景观、相机、记录本、电脑等。

二、任务步骤

1. 了解园林植物的作用

园林植物，作为一个有生命的园林设计要素，在设计中具有多重功能，主要表现为构造室外空间，遮挡不受欢迎的景观、护坡，统一建筑物的观赏效果以及调节光照和风速等。园林植物还能解决许多生态环境问题，如净化空气、保持水土、调节气温，以及为鸟类提供栖息地等。

1) 植物的构造空间功能

植物可用来营造不同景观空间序列，突出主题，陪衬建筑，在组织空间和控制视线两方面均能发挥重要作用。

（1）植物空间类型

植物空间类型可大致分为五种：

①开放型空间

开放型空间是指在一定区域范围内，人的视线高于四周景物的植物空间。开放空间一般由低矮的灌木、地被植物、草本花卉、草坪组成。在较大面积的开阔草坪上，除了低矮的植物以外，有几株高大乔木点植其中，并不阻碍人们的视线，这样的环境也被看作开放型空间。这种空间类型在开放式绿地、城市公园等园林类型中非常多见，像草坪、开阔水面等，具有视线通透、视野开阔的特点。

②半开放型空间

半开放型空间是指在一定区域范围内，四周不完全开放，而且有部分视角用植物阻挡了人的视线的植物空间（图2-1）。这种空间类型在园林中最为常见，可引导视角朝向封闭性较差的开放面，适于一面需要隐秘性，另一面需要景观衬托的居民住宅环境。

③冠下空间

冠下空间通常位于树冠下与地面之间，通过植物树干不同高度的分枝点和浓密的树冠来形成空间感（图2-2）。高大的常绿乔木是形成冠下空间的良好选择，此类植物不仅分枝点较高，树冠庞大，而且具有很好的遮阴效果。此外，攀缘植物攀附在花架、拱门、木廊等上面生长，也能够构成有效的冠下空间。

④封闭空间

封闭空间是指在人所处的区域范围内，四周用植物材料封闭，这时人的视距缩短，视线受到制约，近景的感染力加强，容易产生亲切感和宁静感。若封闭程度极高，空间方向性消失，将具有极强的隐秘性和隔离感。小庭院的植物配置宜采用这种较封闭的空间造景手法，而在一般的绿地中，这样小尺度的空间私密性较强，适宜人们私密地谈话或者独处和安静休憩。

⑤竖向空间

用植物封闭垂直面，开敞顶平面，就形成了竖向空间（图2-3）。分枝点较低、树冠紧凑的中小乔木形成的树列、修剪整齐的高树篱都可以构成竖向空间。如溪流峡谷等两边种植着高大的乔木形成密林，道路两旁整齐地种植着高大挺拔的行道树。

（2）植物组织空间

不管是哪种类型的空间，均可视作由地平面、垂直面和

图2-1 半开放型空间

图2-2 冠下空间

图2-3 植物构成竖向空间

顶平面单独或共同组合成的具有实在的或暗示性的范围围合，植物主要是在这三个面上对空间进行组织。

①地平面

以不同高度不同种类的地被和矮灌木来暗示空间（图2-4）。如一块草坪和一片地被植物之间的交界处，虽不具有实体的视线屏障，却暗示着空间范围的不同。

②垂直面

利用树干与枝茎的大小、疏密及种植形式的不同，可以将空间分割，空间封闭程度随树干密闭程度增加而加强，树干越多，围合感越强（图2-5）。如自然界的森林、有行道树的道路、植篱和林地。

③顶平面

高大乔木的树冠可形成顶平面，限制探向天空的视线，影响着垂直面上的尺度和感受（图2-6）。季节、枝叶密度以及树木本身的种植形式均会影响顶平面的形成效果。

（3）植物控制视线

不同的造园手法，均可利用植物起到控制视线的作用。

①障景

半开放型空间的封闭面能够阻挡人们的视线，达到障景的效果。为了完全封闭视线可用乔木和灌木分层遮挡，形成屏障。若考虑季节变化，常绿植物能达到永久性屏障作用。

②漏景与隔景

稀疏的叶子、较密的枝干能形成面，但遮蔽不严，其后景色隐约可见，形成漏景，营造一种神秘感。透过树木、枝干交织成的网络或稀疏的枝叶缝隙看景，将使景观获得丰富的层次变化，增强进深感。隔景则主要用来分隔、分离空间或景区，或将不希望人们到达的地方用绿化带予以分隔，阻止人们前往。隔景可用于私家花园等处，用植物代替景墙，既能控制视线，又能柔化景观（图2-7）。

③遮挡与框景

在园林中，可用植物作部分遮挡，挡住景观不佳部分，露出较好部分或增加景观层次。若使用树干或两组树，围绕物体周围，形成一个景框，犹如将风景画装入画框中，可获得较佳构图。此外，植物还可以作为前景，形成动态变化的画框，将优美的景色框入其中，不但丰富了画面，而且凸显了植物的特点（图2-8）。

图2-4 地平面空间的划分

图2-5 垂直面上的空间分割

图2-6 顶平面效果

图2-7 私家花园的植物隔景作用

④夹景与引导视线

植物成行排列种植，遮蔽两侧，创造出夹景空间，使人产生深邃的感觉（图2-9）。狭长的夹景空间可以给人以强烈的封闭感和隔离感，并引导人们的视线及行走路线。纪念性园林中，园路两边常会栽植柏类植物，人在垂直的空间中走向目的地，瞻仰纪念碑，会带来庄严、肃穆的崇敬感。

2）植物的生态环境功能

在混合钢筋水泥的城市环境中，植物作为城市生态系统中的生产者，具有改善环境、保护环境等重要作用。

（1）植物改善环境的作用

①空气质量方面

植物的叶片能通过光合作用，吸收二氧化碳，释放氧气，还能通过表面滞尘、吸收有毒气体、分泌杀菌剂等达到净化空气的效果。不同的植物种植方式可以达到促进或者抑制空气流动的效果，对调节空气质量会产生更大的效果。

②温度方面

植物可以影响空气的流通，降温增湿，进而改变小气候环境，缓解热岛效应，尤其是改变温度，从而形成空气的对流。高温可以通过植物叶片的蒸腾作用进行调节，也可以通过遮阴来降低地面气温。在炎热的夏季，树木数量庞大的叶片可以遮阳，有效地反射太阳辐射热，大大减少阳光对地面的直射。在冬季，因为树林下风速降低，气温也会略高。

夏季，由南侧至西侧的墙面和屋顶会受到强烈阳光的暴晒，室温很容易升高，如用藤蔓之类的植物对这部分做墙面绿化，或在西面墙外种植高大的树木群起隔热作用，均可降低室内温度（图2-10）。即使在冬季，植物残留的叶子也具有保温效果。

图2-8 框景

图2-9 夹景在纪念性园林中的应用

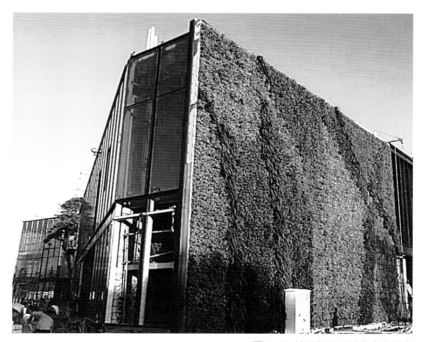

图2-10 墙面绿化可改变室内温度

③水分方面

许多水生植物和沼生植物对净化城市污水有明显作用。城市中越来越多地建造人工湿地污水处理系统，广泛用于处理生活污水和各种工农业废水。污水进入土壤或水体后，通过绿色植物的吸收，土壤微生物的降解以及土壤的吸附、沉淀、离子交换、黏土矿物固定等一系列过程而得到净化。

④光照方面

林木庞大茂盛的树冠可阻挡强烈的太阳光线，削弱光照强度，减少强直射光与反射光给人带来的生理不适与健康安全隐患，为人们提供一个更加舒适的生活环境。同时，植物叶片表面可以反射紫外线辐射，叶片中的类黄酮、花色素等物质对光具有选择性吸收的功能，从而起到屏蔽紫外线辐射的作用。

⑤声音方面

绿化树木对声波有散射、阻隔、吸收功能，是天然的消音器，能在一定程度上消除有碍人类健康的噪声。在公园外侧、道路两旁和厂区周围营造缓冲绿带，树木的阻挡作用可有效减弱或消除噪声，使噪声污染在很大程度上得以缓解，确保日常生活和工作不被噪声干扰而得以正常进行。叶片大或叶片像鳞片状重叠的树木，防噪效果尤佳。

（2）植物保护环境的作用

①涵养水源，保持水土

植物因进行光合作用而需要水。在为树木所覆盖的地面，多是日照难以直接到达的地方，土壤中总是保有一定的水分；植物地下的根系会将水分吸上来保持住。这样，便提高了地面的保水力。降雨时，雨水首先冲击树冠，然后穿过枝叶落地，不直接冲刷地表，从而减少地表土流失；同时，树冠本身还能积蓄一定数量的雨水。此外，树木和草本植物的根系能够固定土壤，而林下往往又有大量落叶、枯枝、苔藓等覆盖物，既能吸收数倍于自身的水分，也有防止水土流失和减少地表径流的作用。因此，在树木较多的地方，土壤的保水性也会非常好，可防止洪水泛滥和山体滑坡。此类树种多为树冠宽阔、郁闭度强、根深广且易形成落叶层的植物，如杨、柳、核桃等。

②防风固沙

植物可以通过将根茎深插入沙地，形成网状根系，将土壤牢牢固定起到固沙的作用。植物本身可以削弱地表风力，使得风速下降。防风固沙植物一般具有抗风蚀沙埋、耐干旱、耐盐碱、根系发达、繁殖迅速等生物特性，如樟子松、油松、梭梭属、沙拐枣属、花棒、小叶锦鸡儿、毛白杨、小叶杨、胡杨、银白杨、沙柳、沙棘等。

③监测大气污染

许多植物对有害气体十分敏感，当植物进行光合作用时，如果大气中含有污染气体，这些气体也会一同被吸入植物体内，随着这些有害物质在植物体内越积越多，当达到一定量时便对植物体产生危害，这些危害可以通过植物的根、茎、叶等表现出来。如有的叶呈现不同的颜色、斑点，植物体比较矮小，产量降低等。根据这些症状与正常植物进行对照，就可判断污染的类型及程度。例如凤仙花、月季可对二氧化硫进行监测；郁金香、杜鹃可对氟及氟化氢进行监测；一串红、竹可对氯及氯化氢进行监测等。

④其他保护作用

除此之外，植物还具有维持生物多样性、抗燃防火、抗放射污染、防雪防浪等其他保护环境的作用。

2.园林植物的功能调研

在给定绿地范围进行调查，根据调查内容绘制平面图并进行记录（表2-1至表2-2），分析植物如何行使其空间功能。

表 2-1 考核内容及评分标准（学生用）

班级		姓名		日期			
序号	评价要点			评价标准			
				优	良	中	差
1	按时出勤，遵守课堂纪律						
2	吃苦耐劳，能与老师、同学进行多向、丰富、适宜的信息交流						
3	能有效利用网络、图书资源等查找相关信息						
4	积极参与调研，能够提出有意义的问题或发表有意义的见解						
5	有计划地开展调研；能发现、提出有价值的问题；能分析问题、解决问题、创新问题						
6	保质保量按时完成调研报告；较好地掌握了专业知识点；具有较强的信息搜集和分析能力；具有较强的逻辑思维能力和表达能力						
课堂小结							

表 2-2 考核内容及评分标准（教师用）

班级		姓名		日期			
出勤情况							
序号	评价要点			评价标准			
				优	良	中	差
1	明确任务要求，并能清晰描述						
2	材料、工具准备充分						
3	有调研计划						
4	积极主动，注意方法						
5	调研报告符合要求，内容全面、条理清晰、图文并茂						
6	平面图绘制符合要求						
课堂小结							

任务二 园林植物的美学特性

工作任务

1. 任务提出

搜集或拍摄树形，叶、花、果实、枝干的形状、色彩比较奇特，具有独特观赏价值的植物种类，分析其美学特性。

2. 任务分析

园林植物的美学特性可通过树形、叶、花、果实、枝干等体现，在认识和发掘植物美的过程中，我们如果要全面、准确、客观地把握和描述美学特点，就需要具有植物识别的基础知识和美学素养。充分认识到植物的观赏特性有助于我们更好地在园林绿化中应用植物。

3. 任务要求

搜集或拍摄树形、叶、花、果实、枝干等有观赏价值的植物照片，归纳整理这些植物的观赏特性。

学习目标

1. 知识目标

（1）掌握园林植物的体量、形态、色彩，能举例进行说明；

（2）熟悉园林植物不同质感的区别；

（3）了解园林植物在气味、声景、季相及意境上的美学特性。

2. 能力目标

（1）能说出乔木、灌木的主要树形；

（2）能记住主要园林植物的不同色彩及其季相变化。

3. 思政目标

（1）培养学生热爱祖国、热爱家乡、热爱大自然的意识；

（2）培养学生的美学鉴赏能力。

任务实施

一、材料和用具

本地区的绿地景观、相机、记录本、电脑等。

二、任务步骤

1. 认识植物的美学特性

园林植物种类繁多，每种植物由于大小、形态、色彩、质地、风韵等的不同，表现出不同的美学特性。同时，园林植物又是园林空间弹性最强的部分，它们可以按照人们审美、观赏的需要，进行艺术的布局，或此密彼疏，或此高彼低，或此花彼树，营造出园林极富变化的动态美感。园林植物的美学特性可从体量、形态、色彩、质感、气味、声景、季相、意境等方面进行赏析。

1）体量

植物的体量（此指个体大小）是植物最重要的设计特性之一，直接影响景观空间范围、结构关系与设计构思。植物的大小与其年龄、生长速度有关，不同生长时期的景观效果肯定会有所不同。所以在设计的时候，设计者不仅仅要了解成年植物的一般高度，还需要注意植物的生长速度，以免以后景观效果被破坏。

植物的大小会直接影响植物群体景观的观赏效果。大小一致的植物组合在一起，尽管外观统一规整，但平齐的林冠线会让人感到单调、乏味；低矮的园林植物种植在一起，能形成开放型空间，给人开阔、自由的感觉；由大小、高低不同的植物配合，能形成封闭和半开放型空间。因此，在选择植物时，植物的大小是首先要考虑的因素。

（1）乔木

乔木是指树体高大、具有明显主干的多年生木本植物。按照树体高度可将其分为伟乔、大乔、中乔及小乔（图2-11），图中高度值只是通常高度，而不是绝对高度。在植物景观中，乔木无论从大小还是从结构和空间看，都是最重要的。这类植物因其高度和覆盖面积而成为显著的观赏因素，也是人工自然群落的优势种和建群种。在植物景观中，大中型乔木一般可作为主景树，也可以树丛、树林的形式出现；小乔木多用于分割、限制空间。

（2）灌木

灌木是指没有明显的主干、呈丛生状态、比较矮小的木本植物。在景观中，大灌木能在垂直面上构成长廊型空间，形成夹景，将人们的视线和行动直接引向终端。同时，灌木可用于屏障视线和控制私密性，或作为天然背景，以突出放置于前的特殊景物。如果是落叶灌木，则空间的性质会随季节而变化，而常绿灌木则能使空间保持始终如一。

（3）地被、草本

地被、草本植物可作为衬托主要因素或主要景物的无变化的、中性的背景。它作为一种自然背景，突出主景，但面积需要足够大以消除邻近因素的视线干扰。地被、草本植物还能在视觉上将其他孤立因素或多组因素组合在一个共同的区域内，联系成一个统一的整体。如各组互不相干的灌木和乔木在地被植物层的作用下，都能成为同一布局中的一部分。

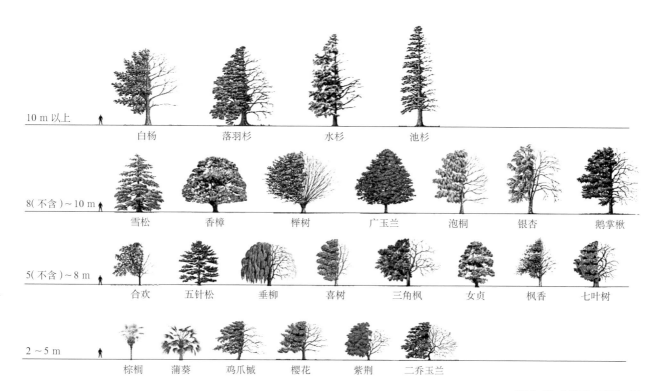

10 m 以上　白杨　落羽杉　水杉　池杉

8（不含）～10 m　雪松　香樟　榉树　广玉兰　泡桐　银杏　鹅掌楸

5（不含）～8 m　合欢　五针松　垂柳　喜树　三角枫　女贞　枫香　七叶树

2～5 m　棕榈　蒲葵　鸡爪槭　樱花　紫荆　二乔玉兰

图2-11 主要乔木高度对比

2）形态

植物形态是指园林植物从整体上呈现的外部轮廓。园林植物的形态丰富，是园林植物的主要观赏特性之一，它对园林景观的创作起着巨大的作用。不同形态的植物经过精心的配置可以产生韵律感、层次感等艺术效果。植物的形态除了由植物的遗传性决定外，也会受到外界环境因子和人工养护管理的影响。应用植物形态时应注意，形态会随季节及年龄变化。

（1）乔木的树形

乔木的树形可分为圆柱形、垂枝形、尖塔形、伞形、圆锥形、球形、棕榈形等（图2-12）。

（2）灌木的树形

灌木树体矮小，通常无明显主干，多数呈丛生状或分枝接近地面。灌木的树形主要可分为以下几种：

圆球形，如小叶黄杨、大叶黄杨、海桐等。

卵形，如木槿。

垂枝形，如迎春、木香、连翘、金钟花等。

匍匐形，如铺地柏等。

除上述各种天然生长的形态以外，对枝叶密集和不定芽萌发力强的植物，可采用修剪整形技术，将其修剪成人们所需要的若干形态，常见于造型花坛等应用中。

3）色彩

色彩通常带有一定的情感象征。因此，在园林中，植物的色彩也会直接影响到空间的气氛和情感。植物色彩是空间情感意境营造的核心元素，它以不同的色彩搭配构成瑰丽多彩的景观，并赋予环境不同的性格：鲜艳明亮的色彩给人以轻松、快乐的气氛，深暗的色彩则会带来沉重、压抑的感受。植物色彩的美学特性可从叶色、花色、枝干色彩、果实（种子）色彩等方面进行观赏。

（1）叶色及其观赏特性

大多数植物都为绿色叶类，除此之外，还有新叶有色类、秋色叶类、常色叶类、斑色叶类、双色叶类。

新叶有色类：新生幼叶呈现艳丽色彩（图2-13）。如天竺桂、黄连木、石楠等的幼叶呈红或紫红色；金森女贞、金叶卫矛等的新叶呈金黄色。

秋色叶类：每年秋季树叶变色比较一致、持续时间较长、观赏价值较高（图2-14）。如鸡爪槭、枫香、南天竹、三角槭、水杉等的秋叶呈红或紫红色；银杏、鹅掌楸、悬铃木、金钱松等的秋叶呈黄或黄褐色。

常色叶类：叶常年呈现异色，如红叶李、紫叶桃、紫叶小檗等常年呈红或紫红色；金叶假连翘、金叶鸡爪槭、

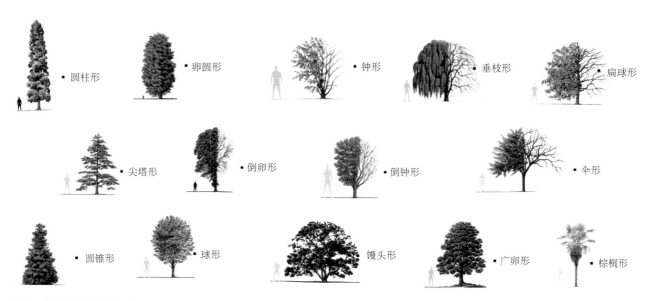

图2-12 乔木的常见树形

(a) 石楠	(b) 金森女贞

图 2-13 新叶有色类植物

(a) 鸡爪槭	(b) 银杏

图 2-14 秋色叶类植物

洒金千头柏、金叶榕等常年呈黄或金黄色。

斑色叶类：叶片具有其他颜色的斑点、斑块或条纹，构成金边、金心、银边、银心、洒金等斑驳彩纹（图 2-15），如蹄纹天竺葵、洒金桃叶珊瑚、花叶艳山姜、花叶常春藤、花叶垂榕、银纹沿阶草、彩叶草等。

双色叶类：叶片正反两面具显著不同的色彩（图 2-16），如红背桂、银白杨、胡颓子、栓皮栎等。

(a) 洒金桃叶珊瑚	(b) 花叶艳山姜

图 2-15 斑色叶类植物

（2）花色及其观赏特性

花色作为植物观赏的主要特征，在很大程度上也会决定植物的观赏性（图 2-17）。例如蓝花楹、凤凰木等色彩艳丽、树形高大的植物，它们本身就可以构成一个繁花似锦、璀璨夺目的景观。在园林中，按照花色大致可将植物分为红色系花、黄色系花、蓝色系花、白色系花这 4 类。

(a) 红背桂	(b) 银白杨

图 2-16 双色叶类植物

（3）枝干色彩

园林植物枝干的颜色对造景也起着很大的作用，可产生极好的美化效果，在进行丛植配景时要注意园林植物枝干颜色之间的关系。枝干的显著颜色有暗紫色、红褐色、黄色、绿色、斑驳颜色、白色或灰色及灰褐色（大多数园林植物均属此类）（图 2-18）。

（4）果实（种子）色彩

园林植物果实（种子）的颜色同样有很高的观赏价值。累累的果实也能营造出一种丰收的景观效果。园林植物常见的果色有红色、黄色、蓝紫色和黑色。有的园林植物的果实（种子）还具有花纹。在植物造景选择观果植物的时候，最好选择果实不易脱落且浆汁较少的，以便长期观果和维持环境清洁。

图 2-17 植物的花色

图 2-18 植物的枝干色彩

4）质感

植物的质感是指植物材料可视或可触的表面性质，指植物整体上直观的粗糙感和光滑感。植物的质感虽然不如色彩、形态等引人注目，但对景观设计的协调性、多样性、视距感、空间感以及设计的色调、观赏情感和氛围有着极深的影响。

植物的质感由两方面决定：①植物本身，叶片大小、叶片表面粗糙程度、叶缘形状、枝条长短与排列、树皮外形、植物的综合生长习性等；②外界因素，观赏距离、环境中其他材料质感。除此之外，落叶植物的质感也会随季相的变化而不同。根据质感在景观中的特性与潜在用途，可将植物分为粗质型、中质型、细质型3种（图2-19）。

（1）粗质型

此类植物通常叶较大而多毛，枝干疏松而粗壮（无细小枝条），叶缘不规整。常见种类：构树、棕榈、欧洲七叶树、悬铃木、火炬树、广玉兰、枇杷、鸡蛋花、木芙蓉、梧桐、泡桐、刺桐、木棉、剑兰、苏铁、八仙花等。由粗质型植物组成的园林空间有"粗犷"、疏松、空旷、模糊之感，缺少细致情调，多用于不规则景观，此类植物不宜配置在要求有整齐的形状和鲜明的轮廓的规则景观中。将粗质型植物置于中质型或细质型植丛中，对比强烈，产生跳跃感而引人注目，能突出景物或视线焦点，有使景物趋向赏景者的动感，产生观赏距离比实际短的幻觉。但会使空间显得狭窄拥挤，在狭小空间中，尽量避免使用（图2-20）。

（2）中质型

叶片、枝干大小中等，具有适度密度的植物。多数植物都属于此类型。在植物景观设计中，这类植物往往充当粗质型和细质型植物的过渡成分，使景观布局统一和谐。因此，其具有统一整体的能力。

（3）细质型

具有许多小叶片和微小脆弱的小枝以及整齐密集而紧凑的冠型特性。它们的轮廓非常清晰，外观文雅而密实。宜作背景材料，呈现出整齐、清晰的背景特征，如榉树、朴树、鸡爪槭、红枫、合欢、菱叶绣线菊、龟甲冬青、珍珠梅、迎春、文竹、天门冬、沿阶草、酢浆草及刈剪后的草坪。此类植物看起来柔软纤细，在风景中不醒目。具有一种远离赏景者的倾向，有扩大空间距离之感，在布局中往往为人们最后观赏，而最先在观赏视线中消失。这一类型在紧凑狭小的空间中使用效果显著，也是组成花坛以及道路分车带、绿带的主要类型。

5）气味

气味是园林植物造景艺术所独有的区别于其他艺术形式的重要特点。园林植物的香味主要是花器内的油脂类或其他

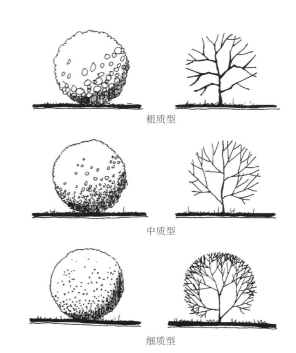

图2-19 植物的质感类型

图2-20 狭小的庭院空间不宜种植过多粗质型植物

芳香类复杂化学物质不断分解为挥发性的芳香油而产生的，可刺激人的嗅觉，使人产生愉悦的感觉。根据植物产生香味部位的不同可分为香花植物、香草植物、香果植物及香木植物。花的香味随着温度和湿度的变化而变化。一般温度高、阳光强烈，花的香味则浓。夜来香、晚香玉、夜合花等，在夜晚和阴雨天空气湿度大时才散发芳香。

园林植物的芳香既沁人心脾、振奋精神，又增添情趣、招引蜂蝶。充分利用园林植物的芳香特性，合理安排花期，是园林植物景观营造的重要手段。芳香植物可拓展园林景观的功能，能作为芳香园、夜花园的主题。在设计中，可以考虑在有人停留驻足的地方种植香味浓郁的植物。

6）声景

中国古代诗词中多有描写植物与雨声交融的声景。"雨打芭蕉"，"留得枯荷听雨声"等都描绘了人们耳熟能详的古典意象。在园林造景中，设计师应充分考虑植物的音韵美的特征，创造出富有情趣的景观。

7）季相

植物季相，是指植物在不同季节表现的外貌（图2-21）。植物在一年四季的生长过程中，叶、花、果的形状和色彩随季节而变化，开花时、结果时或叶色转变时，具有较高的观赏价值。将植物不同的季相景观统筹在园林空间中，通过植物不同的季相景观特征来营造不同的景观主题空间，可创造不同的美的感受。

图2-21 植物的季相美

8）意境

"一切景语皆情语。"中国古典园林中多有托植物以寓情的手法，如通过"梅兰竹菊"等植物来表达园林主人的风骨。依据植物自身的特征，表达人的复杂心态和情感，通过植物的声色形等自然特征，赋予其人格化的情感和深刻内涵，使植物带有相应的内在美、抽象美、联想美。同时，也使整个园林景观更添深层次的文化韵味，达到了一种美的升华。

2. 完成某绿地园林植物的形态认知调查

完成某绿地园林植物的调查，认识园林植物的树形、叶、花、果、枝干等的观赏特性，填写记录表（表2-3至表2-5）。调查植物的数量不少于25种，调查的植物种类应体现5个不同的观赏类别。

表2-3 植物观赏特性调查记录表

序号	植物名称	观赏部位	观赏特性
1			
2			
3			
4			
5			
6			
7			
8			
9			
10			
11			
12			
13			
14			
...			

表2-4 考核内容及评分标准（学生用）

班级		姓名			日期		
序号	评价要点				评价标准		
				优	良	中	差
1	按时出勤，遵守课堂纪律						
2	吃苦耐劳，能与老师、同学进行多向、丰富、适宜的信息交流						
3	能有效利用网络、图书资源等查找相关信息						
4	积极参与调研，能够提出有意义的问题或发表有意义的见解						
5	有计划地开展调研；能发现、提出有价值的问题；能分析问题、解决问题、创新问题						
6	保质保量按时完成调研报告；较好地掌握了专业知识点；具有较强的信息搜集和分析能力；具有较强的逻辑思维能力和表达能力						
课堂小结							

表2-5 考核内容及评分标准（教师用）

班级		姓名			日期		
出勤情况							
序号	评价要点				评价标准		
				优	良	中	差
1	明确任务要求，并能清晰描述						
2	材料、工具准备充分						
3	有调研计划						
4	积极主动，注意方法						
5	调研报告符合要求，内容全面、条理清晰、图文并茂						
6	植物的观赏特性描述准确						
课堂小结							

项目三

园林植物造景的原则及形式

任务一 园林植物造景的基本原则

任务二 园林植物造景的基本形式

YUANLIN 园林植物识别与应用

ZHIWU SHIBIE YU

YINGYONG

任务一 园林植物造景的基本原则

工作任务

1. 任务提出

实地调研某绿地园林景观，并对这些景观进行分析和评价。

2. 任务分析

植物园林景观的营造不是简单的植树、绿化，而是需要将植树与艺术相结合。如何配置花草树木以营造出最佳的环境效果，需要立足于科学，尊重客观规律，进行科学、合理、经济、美观的设计和配置。本部分内容的学习，首先要明确园林植物造景的基本原则和艺术法则，再结合实际园林景观进行分析和评价。

3. 任务要求

（1）学习植物造景的基本原则和艺术法则；

（2）能够对实际园林景观进行分析和评价。

学习目标

1. 知识目标

（1）掌握植物造景的基本原则；

（2）熟悉植物造景的艺术法则。

2. 能力目标

（1）能够结合植物造景的基本原则进行园林景观分析；

（2）能在园林设计中准确应用植物造景的基本原则。

3. 思政目标

（1）培养学生严谨的科学精神；

（2）培养学生正确的价值观和职业观。

任务实施

一、材料和用具

园林实地景观、各种景观图片、相机、电脑、记录本等。

二、任务步骤

1. 学习植物造景的基本原则和艺术法则

植物的造景配置是园林设计的基础内容之一。植物造景的原则是根据功能、艺术构图和生物学特性的要求使三者相结合，达到以植物造景的目的。我们在用植物造景时要遵循生态性原则，充分体现自然美，同时还要考虑实用性原则、经济性原则、个性化原则等。科学、经济、实用、美观的植物配置，是园林景观营造发展的基本方向。

图 3-1 湿地公园景观

图 3-2 植物园景观

1）植物造景的基本原则

（1）整体性原则

园林植物造景的整体性原则就是要求从整体上确立景观的主题与特色，这是园林景观规划的重要前提。园林景观的整体特色是指景观规划的内在和外在特征，它来自对当地的气候、环境等自然条件及历史、文化、艺术等人文条件的尊重与发掘，是要通过对景观功能、规律的综合分析，以及对自然、人文条件的系统研究，并在把握现代生产技术科学的基础上，提炼升华而创造出来的与人们活动紧密交融的景观特征（图 3-1、图 3-2）。

（2）生态性原则

植物是有生命的有机体，每种植物对土壤、水分、光照、温度、移栽季节等因素都有其特定的要求。在植物景观营造中必须首先满足植物的基本生态要求。将生态性原则纳入园林景观营造中，反映了新时代人们对园林景观的要求和理想。尊重生态性原则是园林景观营造的核心要求——最大程度地借助自然的力量，基于自然系统的自我更新和再生，打造可持续的景观艺术。

因地制宜地选择树种，不仅可以保证植物生长的环境最佳，同时也可最经济、最实用、最美观地配置植物。适地适树的配置有利于植物健康生长（图 3-3 至图 3-5）。

园林植物景观营造应首选本地植物。任何植物都有它自身特有的生长环境，植物在长期的生长进化过程中对周围环境形成了高度的适应性，这种适应性正是本地植物所具备的。本地植物可体现当地特色，长期生长的本地植物对当地来说是适应性最强的，这种适应性包括了对土壤的要求低、生性强健、抗病虫害能力强、管理简单等特性。另外就是要进行自然的再创造，即在充分尊重自然生态系统的前提下，人们发挥主观能动性，合理规划人工景观，就地取材，做到自然优先，这样才可能看到人工与自然完美结合的生态化景观（图 3-6）。

图 3-3 耐水湿植物 千屈菜　　　图 3-4 耐盐碱植物 柽柳

图 3-5 耐干旱植物 夹竹桃

图 3-6 公园景观

（3）经济性原则

经济性原则强调植物的自然适应性，做到适地适树。优先选择适应性强的本地植物，力求实现景观在养护管理上的简单化和经济性，尽量减少栽植水分和肥力消耗，以避免栽植后养护管理费时、费力、费钱等现象出现（图3-7、图3-8）。

园林植物造景是以创造生态效益和社会效益为主要目的，但这绝不意味着可以无限制地增加经济投入。我们依然要遵循经济性原则，提倡"经济、实用、美观"的理念，以本地植物为主，以管理简便为上，以最少的投入获得最大的生态效益和社会效益为佳。例如，多选用寿命长、生长速度中等的树木，以延长景观的年限，减少重复工程；选择生性强健且耐修剪易管理的植物，以减少管理费用的投入；在地下水位高的区块选择耐水湿的植物，在沿海地区选择耐盐碱的植物，在化工厂等高污染的区域选择抗污染能力强的植物，这样可以减少植物的死亡，降低经济损失。

（4）实用性原则

园林植物是生长的、变化的，因而富有动态之美。在植物造景时要考虑栽植后的生长空间，不能盲目配置。还要考虑常绿树与落叶树以及灌木群的有机结合，否则植物的动态之美会因配置不合理而失去。我们在植物造景时要学会发挥各种植物的优势。如在一年四季都需要遮阴的环境，那么首选是常绿阔叶树，如果在住宅朝南方向的窗前栽植树木，一般要考虑夏天可以遮阳、冬天可以采光的问题，那么首选的一定是观赏价值高的落叶花木。在窗前栽植落叶花木，既可以观赏到树木在一年四季中的色彩变化，又有夏凉冬暖的功能效果。如夏天人们喜爱在树荫下走路，可以考虑栽植遮阳的行道树为大家提供方便。植物除了可以遮阳散热外，还可以作绿色屏障，遮挡不雅景观等。总之，植物造景的实用性原则是营造人性化生态环境的基本原则（图3-9、图3-10）。

（5）个性化原则

园林植物在环境美化中有它自身的个性美感，也有其组合为群体的整体美感。

整体而富有变化的植物景观可给人们留下较强烈的印象，园林植物的个性化配置可以塑造街道的个性化风貌，这不仅为人们识辨街道、方向带来方便，还可以为城市街道增添色彩丰富的风光带。打造城市景观要注重打造树木个性化街景，如雪松的街景、香樟的街景、桂花的街景、银杏的街景、枫香的街景、悬铃木的街景、梧桐的街景、栾树的街景、樱花的街景等。每一种树木在统一的排列下可形成带有个性的美丽色带。树木的色带下方还可以配置一些相宜色彩的灌木群。这种带有强烈色彩特征和形态特征的树木重复列

图3-7 种植本地植物，降低养护成本

图3-8 种植密度大，增加单位面积养护成本

图3-9 庭荫树起到遮阳的作用

图3-10 刚竹起到装饰墙面的作用

植，可形成翠绿色带、浅绿色带、金黄色带、橙黄色带、橘红色带、洁白色带等，这就充分发挥了植物的色彩个性，极大地丰富与美化了城市街道景观。

所谓景观的地域性，一方面是指在一定的时间与空间范围内，某一地域内景观因受其所在地域自然条件和地域文化、历史背景等特定因素的影响，而表现出有别于其他地域的特性。另一方面，是指植物造景在设计上吸收了本地的、民俗的风格，保留了本区域历史所遗留的种种文化痕迹，形成了丰富多彩的人文风情和地域景观。在地域上，有的以山岳为主，有的以海洋为主，有的以森林植被为主，北方和南方差别很大。在景观营造时应根据自然规律创造出具有地方特色、个性鲜明的景观类型（图3-11至图3-13）。

2）植物造景的艺术法则

完美的植物景观必须是科学与艺术两者的高度统一，既要满足植物与环境在生态适应上的和谐统一，同时又能艺术地表现植物的个性及群体的美感特征，让人们在自然生态环境中欣赏到真正的自然美。

园林植物造景的艺术美感是基于植物的形态、色彩、观赏价值等之上的。形与色是传达视觉美感的基本元素，将形式美艺术法则运用到植物的配置上，是艺术配置的主要方法，如对比、调和、对称、均衡、韵律、多样化的统一、统一中求变化等。坚持形式美艺术法则的植物配置，才有可能营造出人们喜爱的优美的植物景观。

（1）统一与变化

统一即调和、和谐，变化即转换、求变。植物造景的形式美法则就是统一中求变化，在大统一中追求小变化。在植物造景中单一地追求统一，会使环境产生单调无趣的视觉感，会使人感到枯燥。因此，在统一中求变化，实际上是为了调节视觉。

统一有形式的统一、形态的统一、色彩的统一、质感的统一、手法的统一等。植物景观是以植物为主要构成元素的统一设计。统一是以形成一个相对完整的、和谐的环境气氛为目的的，追求一种相同或相似的整体设计。植物景观营造把相同与不同的要素，通过形态、色彩等不同元素组合起来，使视觉和谐。统一与变化往往在处理主与次的关系上强调主要、主体；而次要、辅助都是起衬托、点缀作用，是为了突出整体美感，而不是喧宾夺主。

植物景观营造中体现统一与变化的内容很多（图3-14、图3-15），如城市街道的行道树配置，排列在

图3-11 上海辰山植物园景观

图3-12 青岛雪松行道树

图3-13 深圳芒果树街景

路边的常绿阔叶乔木的树高接近，树种单一，栽植整齐，可体现统一性；变化上的处理，如在绿色乔木下配植整齐的金叶女贞，形成了色彩上的统一与变化的关系；无论从植物的栽植空间还是立面来讲，都是以大面积阔叶树的绿色为主，以金叶女贞的黄绿色

为辅，体现了统一与变化的恰当性，因而使人感到整齐美丽。随着初夏季节的到来，金叶女贞还会开出一串串小白花，更增添了统一中的变化之美。

（2）调和与对比

调和即协调、和谐、平和、没有冲突。调和的心理效果是柔和的、安宁的、平静的。对比即冲突、碰撞、形成反差，表现的是不协调的关系。如树木大小对比、高低对比、远近对比、色彩对比、面积对比、多少对比、空间大小对比、空间的虚实对比等。通过对比反差，强调突出物体特征，追求变化，使突显的物体更加鲜明。但有时在植物配置中对比并非都是强烈的，如远近虚实景对比，使虚实出现距离层次，实景具有实在厚重之感，虚景有轻松飘逸之感，两者结合能产生虚实相间、富有层次的和谐风景。这是由于植物的自然特性和空间环境的空旷深远，令对比减弱，使空间距离产生了美感（图3-16、图3-17）。

植物造景不是千篇一律的模仿，调和与对比也不是随意乱用的，要有针对性，只有把调和与对比运用得恰到好处，与实际情况相结合，才会产生符合大众审美心理的美丽环境。

（3）对称与均衡

对称与均衡可形成平衡感，让人感到安定。对称有轴线两侧的物体完全相同的对称，也有轴线两侧的物体不完全相同的对称。两侧物体不同且以支点偏移做到的平衡称作均衡。

对称在植物造景中用得很广泛，对称栽植体现最多的是行道树的栽植。对称的景观显得比较严肃、庄重、规整、单纯、有条理，而均衡则显得活泼、轻快、优美、有动感、富有变化。对称具有安定感，均衡具有活泼感。对称单靠视觉就能确定，均衡不像对称那么一目了然容易判断，需要靠视觉感受才能体验到。如形状、色彩、体量等是靠视觉感受来体验衡量的，并不是靠量化的标准来衡量的。

图3-14 公园中植物形态的统一

图3-15 公园中植物高中低及色彩的变化

图3-16 公园花境中植物色彩的调和与对比

图3-17 秋天行道树色彩的调和与对比

对称在植物造景中经常使用，我们在身边环境中也可随时看到。如一些学校、单位的大门入口处，常配置对称的花坛或花钵，其大小、形态、植物均是一样的。均衡在植物造景中也时常可见，比如在配置大小树时，一大两小的栽植法就是典型的均衡手法。

对称均衡与失去平衡给人们的视觉感受和产生的心理作用是不一样的，前者会让人感到安定，后者则让人感到不安定。如果把正常的平衡关系打破，大多数人都会不自觉地感到有失控感，产生担心、忧虑，也可以说这是一种"悬念"，在植物造景中也会有使用。对称与均衡的艺术法则在植物造景中应用是比较多的，如道路两旁的树木列植、植物的大小配置等，都少不了运用对称与均衡的手法。我们可以针对具体情况灵活机动地加以运用。只有掌握其特征，才能营造出宜人的视觉效果和心理感受（图3-18至图3-20）。

（4）节奏与韵律

在植物造景中常用的节奏和韵律的表现手法有：连续重复的布局即连续的节奏（一个单元型的反复出现），逐渐增多或减少的变化布局即渐变韵律（递增或递减的变化），交错变化的布局即交错韵律（如单元的交错、高低的交错、色彩的交错等），高低起伏的布局即起伏韵律（如树木的高低形成有规律的起伏韵律）。重复节奏是同样单位的反复出现，其特点是有秩序感，规整统一，因此视觉效果上给人们一种宁静幽雅的气氛。在植物景观中利用重复节奏的例子很多，如我们熟悉的街道景观，尽管是同等体量的乔木与灌木组合的重复出现，但产生的视觉效果则是渐变的、有节奏的，乔木与灌木的高低形成了韵律。这是因为在室外三维空间中，人们的视觉在透视原理下发生了变化，使单调的节奏富有渐变的韵律（图3-21、图3-22）。

图3-18 居住区中庭植物的对称与均衡

图3-19 园路两侧植物的对称与均衡（一）

图3-20 园路两侧植物的对称与均衡（二）

图3-21 公园植物天际线高低变化的韵律

图3-22 公园植物高低变化的韵律

（5）比例与尺度

比例与尺度的艺术法则在园林中是指景物在体形等方面上具有适洽的关系，这种关系不一定用数字来表示，其属于人们感觉上、经验上的审美概念。比例一般只反映景物之间及各组成部分之间的相对大小关系，而不涉及具体尺寸；尺度则是指景物具体尺寸的大小。

在植物景观营造中，首先要注意植物本身尺度与周围环境的比例关系。如在庞大的建筑物旁边，可以种植高大的乔木，使比例关系协调，并且使建筑物与自然环境更好地融合在空间比较小的绿化环境中。又如酒店中庭的景观营造，常选择一些体形较小、质感较为细腻的小乔木和灌木进行配置，使整个环境小而精致、虽小却不拥挤，使比例关系协调。假山的植物配置，要求植物的体形较小、枝叶较小，且是慢生树种，如五针松、羽毛枫等小型乔木，以及一些枝叶较小的藤本植物，如络石、薜荔、迎春、云南黄馨、凌霄等，以植物的小来衬托假山的大。其次要注意植物本身的尺度是否符合园林绿地功能的要求。如交通绿地中的行道树要求其枝下高在 2 m 以上，不影响行人及车辆通行；庭荫树要求树体高大，可让人在树下乘凉等（图 3-23 至图 3-26）。

2. 完成某绿地植物景观的调查

调查某绿地，并根据植物造景的原则和艺术法则分析各个园林景观，并形成调研报告，填写考核表（表 3-1 至表 3-2）。要求分析的园林景观数量不少于 5 个。

图 3-23 公园景观种植高大乔木

图 3-24 公园草坪边缘种植低矮草本植物

图 3-25 假山配植低矮灌木和藤本植物

图 3-26 高大建筑物旁种植高大乔木

表 3-1 考核内容及评分标准（学生用）

班级		姓名		日期			
序号	评价要点			评价标准			
				优	良	中	差
1	按时出勤，遵守课堂纪律						
2	吃苦耐劳，能与老师、同学进行多向、丰富、适宜的信息交流						
3	能有效利用网络、图书资源等查找相关信息						
4	积极参与调研，能够提出有意义的问题或发表有意义的见解						
5	有计划地开展调研；能发现、提出有价值的问题；能分析问题、解决问题、创新问题						
6	保质保量按时完成调研报告；较好地掌握了专业知识点；具有较强的信息搜集和分析能力；具有较强的逻辑思维能力和表达能力						
课堂小结							

表 3-2 考核内容及评分标准（教师用）

班级		姓名		日期			
出勤情况							
序号	评价要点			评价标准			
				优	良	中	差
1	明确任务要求，并能清晰描述						
2	材料、工具准备充分						
3	有调研计划						
4	积极主动，注意方法						
5	调研报告符合要求，内容全面、条理清晰、图文并茂						
6	对园林景观的分析准确、恰当						
课堂小结							

任务二 园林植物造景的基本形式

工作任务

1. 任务提出
对某绿地进行实地考察，分析其中植物的栽植形式及艺术手法。

2. 任务分析
植物园林景观的营造不是简单的形态和色彩的组合，而是一项复杂的系统工程。本部分内容的学习，首先要明确园林植物造景的基本形式和常用的艺术手法，再结合实际园林景观进行分析和评价。

3. 任务要求
（1）学习植物造景的形式和艺术手法；

（2）能够对实际园林景观进行分析和评价。

学习目标

1. 知识目标
（1）掌握植物造景的基本形式；

（2）熟悉植物造景的艺术手法。

2. 能力目标
（1）能够准确判断园林景观中植物的造景形式和使用的艺术手法；

（2）能在园林设计中准确应用植物造景的各种形式和手法。

3. 思政目标
（1）培养学生的观察能力和归纳能力；

（2）培养学生良好的职业习惯。

任务实施

一、材料和用具

本地区的绿地景观、相机、记录本、电脑等。

二、任务步骤

1. 学习植物造景的基本形式和艺术手法
1）植物造景的基本形式

园林植物造景的基本形式是植物景观营造的核心内容，根据植物造景形式的主要特征，其大体可分为规则式造景、自然式造景和特殊形式造景三大类型。

规则式造景的特点是植物按固定的方式排列，具有一定的株行距，景观效果整齐、严谨、大方。其主要形式有对植、列植、篱植等，在园林景观中是比较常见的。

自然式造景是园林中最常用的方式，其特点是没有固定的排列方式和一定的株行距，景观效果自然、活泼、参差有致。其主要形式有孤植、丛植、群植、林植等。在艺术构图上，自然式造景能体现自然植物群落的天然之美，具有生动的节奏变化。

花坛、花台、花钵、花架是规则式造景的特殊形式，花境是自然式造景的特殊形式，立面造景、植物造型等是现代园林发展的新兴产物。这些特殊造景形式极大地丰富了园林景观，造景应用将越来越普及。

（1）孤植

孤植是指乔木或灌木的单株种植形式，它是中西方园林中广为采用的一种自然式种植方式（图3-27）。

图3-27 交通岛孤植的杨树

孤植主要表现植株个体的特点，突出树木的个体美，如优美的树形、美观的叶片、鲜艳的花朵、悦目的果实等。因此在选择树种时，孤植应选择那些具有枝条开展、姿态优美、轮廓鲜明、生长旺盛、成荫效果好、花果色彩鲜艳、寿命长等特点的树种。如雪松、云杉、白皮松、香樟、广玉兰、榕树、柚、枇杷、银杏、悬铃木、枫香、槐树、乌桕、无患子、枫杨、七叶树、柿树、元宝枫、鸡爪槭、红枫、梅花、樱花、紫薇、石榴等。在园林景观中，孤植树的数量虽然不多，却有相当重要的作用。

孤植树在园林景观中常常成为视觉的焦点。种植的地点要求比较开阔，不仅要保证树冠有足够的空间，而且要有比较合适的观赏视距和观赏点，让人们有足够的活动场地和恰当的欣赏位置。孤植树作为园林构图的一部分，不是孤立的，必须与周围环境和景物相协调，即要求统一于整个园林构图之中。如果在开敞广阔的高地、草坪、山冈或水边栽种孤植树，所选树木必须特别巨大，这样才能与广阔的天空、水面、草坪形成对比，才能使孤植树在姿态、体形、色彩上有所突出。在小型林中草坪、较小水面边缘以及小院落之中种植孤植树，其体形必须小巧玲珑，可以应用体形与线条优美、色彩艳丽的树种。在山水园中的孤植树，必须与假山石协调，树姿应选盘龙苍古状的，树下还可以配以自然的卧石，以作休息之用。

图3-28 建筑物前对植的槐树

（2）对植

对植是指两株或两丛相同或相似的树木，按照一定的轴线关系相互对称或均衡地栽植的种植方式。其主要用于公园、建筑、道路、广场的出入口，同时结合庇荫和装饰美化作用，在构图上形成配景或夹景。与孤植的作用不同，对植树很少作主景，对称栽植视觉效果比较平和、规整，主要用在规则式的园林中。在构图中轴线两侧，选择同一树种，且大小、体形尽可能相近，与中轴线的垂直距离相等，可用于公园建筑主入口两旁，或主要道路两侧，以求安定感和周边环境的协调（图3-28、图3-29）。

图3-29 出入口对植的植物

在规则式种植中，利用同一树种、同一规格的树木依主体景物轴线作对称布置，两树连线与轴线垂直并被轴线等分，这在园区的入口、建筑入门和道路两旁是经常运用的。规则式种植中，一般采用树冠整齐的树种，而一些树冠过于扭曲的树种则需使用得当。种植的位置既要不妨碍交通和其他活动，又要保证树木有足够的生长空间。一般乔木距建筑墙面要有 5 m 以上的距离，小乔木和灌木可酌情减少，但也不能靠得太近，至少要间隔 2 m。

在自然种植中，对植不一定是完全对称的，但左右仍是均衡的，即拟对称种植。构图中轴线两侧选择的树种相同，体形大小可以不同，与中轴线的距离也可以不同，但要求视线感觉上的均衡。因此，对植并不一定是一侧一株，可以是一侧一株大树，另一侧配一个树丛或树群。在自然式园林的入口、桥头、蹬道的石阶、河道的进口、闭合空间的进口、建筑物的门口，都可以采用对植式的栽植。

（3）列植

列植（行列栽植）是指乔木或灌木按一定的株行距成行成列地种植，株距相等或在行内株距有变化。行列栽植形成的景观比较整齐、单纯、气势大，是规则式园林绿地如道路、广场、工矿区、居住区、办公大楼绿化应用最多的基本栽植形式。行列栽植具有施工简单、管理方便等优点（图3-30、图3-31）。

植物成排成行，并有一定的株行距，可以是同一树种的单行栽植，也可以是多树种的间植，或多行栽植，多用于栽植道路两旁林带或绿篱等。其树种的选择：乔木多选择分枝点较高、耐修剪的树种，间植多选择灌木或花卉，以求体形和色彩上的丰富。

行列栽植宜选用树冠体形比较整齐的树种，如塔形、圆形、卵圆形、倒卵形、圆柱形等，而不选枝叶稀疏、树冠不整齐的树种。行列栽植的株行距，取决于树种的特点、苗木规格和园林用途等，一般乔木采用 3 ~ 8 m，甚至更大，而灌木为 1 ~ 3 m，过密就成绿篱了。

行列栽植多用于建筑、道路、广场、上下管线较多的地段。行列栽植与道路配合，可形成夹景。行列栽植的基本形式有两种：一是等行等距，即从平面上看种植点呈正方形或品字形，多用于规则式园林绿地中；二是等行不等距，即行距相等，行内的株距有疏密变化，从平面上看种植点呈不等边的三角形或不等边四边形，可用于规则式园林或自然式园林局部，如路边、广场边、水边、建筑物边缘等，也常应用于规则式栽植到自然式栽植的过渡带。

图 3-30 列植的王棕

图 3-31 列植的国槐

（4）篱植

篱植是行列栽植的特殊形式，即株行距很小、密度很大（图3-32、图3-33）。篱植根据修整定形高度的不同分为绿篱和绿墙两大类型。绿篱根据高度的不同，具体可分为矮篱、中篱、高篱。一般高度在50 cm以下，即人们可以毫不费力一跨而过的绿篱称为矮绿篱或矮篱；高度为50～120 cm，人们比较费力才能跨越过去的绿篱，称作中绿篱或中篱；高度为120～160 cm，人的视线可以通过，但人一般不能越过的绿篱，称为高绿篱或高篱。绿墙的高度一般在人眼高度（约160 cm）以上，能完全阻挡人们视线的通过，常采用圆柏、珊瑚树、椤木石楠、红叶石楠、四季桂等小乔木类树种，因此也称为树墙。

（5）丛植

丛植一般指单一树种的同类聚集栽植方式。丛植与混植有所不同，混植是植物品种较多且没有规律的自然式栽植，而丛植强调的是同类植物的组群聚合式栽植。丛植可以是规整式，如绿篱的阶梯式栽植；也可以是组团式的自然形态的栽植，即由不同的植物群体组成高低不等的自然形态的植物景观。丛植主要有以下几种配合形式。

①两株配合

树木配植构图必须符合多样统一的原则，既要有调和，又要有对比。两株的树丛，其栽植的距离不能与两树冠直径的1/2相等，必须靠近，其距离要比小树冠小得多，这样才能成为一个整体（图3-34）。如果栽植距离大于成年树冠，那就变成两株树而不是一个树丛。不同种的树木，如果在外观上十分相似，可考虑配植在一起，如桂花和女贞为同科不同属的植物，且外观相似，又同为常绿阔叶乔木，配植在一起就比较调和。即便是同一树种的不同变种，如果外观上差异太大，仍不适宜配植在一起，如龙爪柳和馒头柳同为旱柳的变种，由于外形相差太大，配在一起就会显得不协调。

图3-32 常绿篱（小叶女贞）

图3-33 花篱（蔷薇）

图3-34 两株配合（苏铁）

②三株配合

三株配合，如果是不同的树种，最好同为常绿树或落叶树，同为乔木或灌木。三株配合最多只能用两个不同树种，忌用三个不同树种（如果外观不易分辨不受此限）。

三株配植，树木的大小、姿态都要有对比和差异，栽植时植株忌在一直线上，也忌按等边三角形栽植。三株的距离不能相等，其中最大的一株和最小的一株要靠近些，成为一小组，而中等的一株要远离些，使其成为另外一组。但这两组在动势上又要呼应，这样构图才不至于分割（图3-35、图3-36）。

③四株配合

四株配合，完全用一个树种或最多只能应用两种不同的树种时，必须同为乔木或同为灌木，这样比较调和，通常称为通相。如果应用三种以上的树种，或大小悬殊的乔木、灌木，就不易调和。如果是外观极相似的树木，就可以超过两种。当树种完全相同时，在体形、姿态、大小、距离、高矮上应力求不同。

四株树组合的树丛，不能种在一条直线上，要分组栽植，但不能两两组合，也不要任意三株成一直线，可分为两组或三组。分为两组，即三株较近，一株较远；分为三组，即两株一组，而一株稍远，另一株更远些。树种相同时，在树木大小排列上，最大的一株要在集体的一组中；当树种不同时，其中三株为一种，另一株为其他种，这"另一株"不能最大，也不能最小，也不能单独成一个小组，必须与其他种组成一个小组（图3-37至图3-39）。

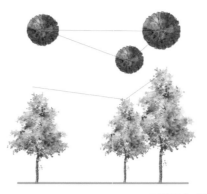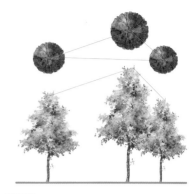

三株配合（单数种）平面、顶面图

图3-35 三株配合（单树种）

三株配合（两数种）平面、顶面图

图3-36 三株配合（两树种）

单树种四株丛植（构成四边形）

图3-37 四株配合（单树种，构成四边形）

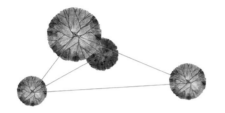

图 3-38 四株配合（两树种，构成三角形）

图 3-39 四株配合（两树种，构成四边形）

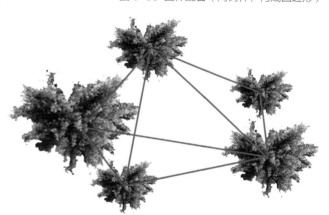

图 3-40 五株配合（单树种）

④五株配合

五株树丛只由一个树种组成的，每株树的大小、体形、姿态、动势、栽植距离都应不同。最理想的分组方式为 3 ∶ 2，即三株一小组、两株一小组。五株树丛由两个树种组成的，一个树种为三株，另一个树种为两株，这样比较合适。一个树种为一株，另一个树种为四株这种形式采用较少。（图 3-40 至图 3-46）

五株树丛由三个树种组成的，其配植上可分为一株和四株两个单元，也可分为两株和三株两个单元。当树丛分为 1 ∶ 4 两个单元时，三个树种应置一个单元中。

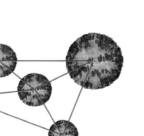

图 3-41 五株配合（单树种、两树种）

图 3-42 五株配合（两树种）

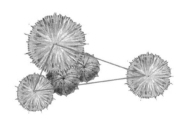

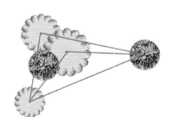

图 3-43 五株配合（两树种）

图 3-44 五株配合（单树种，构成三角形）

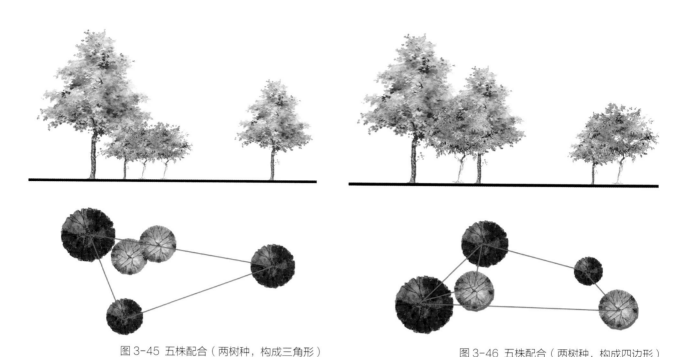

图 3-45 五株配合（两树种，构成三角形）　　　　　　图 3-46 五株配合（两树种，构成四边形）

　　株数越多树木的配植就越复杂。孤植树、两株树丛是常见栽植模式。三株可由两株和一株组成，四株可由三株和一株组成，五株可由两株和三株或四株和一株组成。理解了五株的配植道理，其他的可以此类推。其关键仍是在调和中寻求对比差异，差异太大时要求调和。所以，株数越少，树种越不能多用；株数增多时，树种可逐渐增多（图 3-47）。

　　树丛作为主景时，四周要空旷，可以布置在大草坪的中央、水边、河湾、山坡及山顶上，也可作为框景布置在景窗或月洞外面。植物与山石组合也是我国古典园林造景常见的手法，这样的组合方式可布置在白粉墙前、走廊或房屋的角隅，组成一个话题。在日本庭院中，常将植物与山石、枯山水等结合，布置在房屋墙前，组成一幅有情趣且色彩丰富的画面。

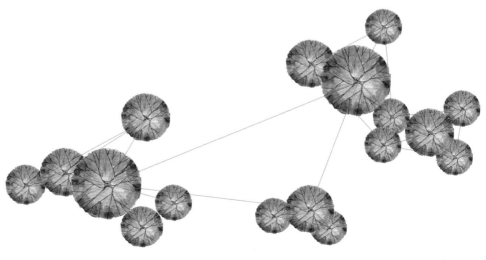

图 3-47 多株配合

（6）群植

群植多指乔灌木（一般在 20 株以上）混合成群栽植的类型，树群所表现的主要是群体美（图3-48）。树群也可像孤植树和树丛一样，作为构图的主景，树群应该布置在有足够距离的开放场地上，如靠近林缘的大草坪、宽广的林中空地、水中的小岛屿、宽阔水面的水滨、小山的山坡土丘等地方。树群主立面的前方的空地，至少比树冠宽一倍，以便于游人远望欣赏。

树群组合的基本原则是高度喜光的乔木层应当分布在中央，小乔木在其四周，大灌木、小灌木在外缘，这样不致互相遮掩。但其各个方向的断面，又不能像金字塔那样机械。所以，在树群的某些外缘可以配置一两个树丛及几株孤植树。

（7）林植

凡成片成块大量栽植乔灌木，以构成一定规模森林景观的称为林植（图3-49）。风景林是公园内较大规模成片的树林，是由单种植物或多种植物组成的一个完整的人工群落。风景林除着重树种的选择、搭配的美观之外，还要注意其应具有防护功能。

（8）特殊造景形式

特殊造景形式，主要有花坛、花台、花钵、花架、花境以及立面造景、植物造型等。特殊造景形式的特点为外部形状是规整的或有一定规律的，内部的植物配置以规则式为主，也可以是自然式的，景观效果既整齐严谨又自然活泼。随着我国园林事业的蓬勃发展，特殊造景形式的应用将会越来越广泛。

①花坛

花坛多设于公园、广场、园路两侧以及机关单位、学校等办公教育场所，应用十分广泛的花坛主要采取规则式布置方式，有单独或连续带状及成群组合等类型（图3-50、图3-51）。花坛内部所组成的纹样多采用对称的图案，并要保持鲜艳的色彩和整齐的轮廓。一般选用植株低矮、生长整齐、花期集中、株型紧密、花或叶观赏价值高的品种，常选用一二年生花卉。植株的高度和形状，与花坛纹样和图案的表现效果有密切关系，如低矮而株丛较小的花卉，适合表现平面图案的变化，可以显示出较细致的花纹，故可用于模纹花坛的布置，如三色堇、雏菊、半枝莲等，草坪也可用来镶嵌以配合布置。

②花台

将花卉栽植于高出地面的台座上，类似花坛但

图3-48 香樟、桂花、柚树等群植

图3-49 香樟、银杏、朴树、栾树等林植

图3-50 公园花坛

图3-51 街边花坛

面积较小，也可以看成一种较窄但较高的花坛（图3-52）。我国古典园林中这种方式应用较多，现在多应用于庭院，植草花作整形式布置。由于面积小，一个花台内常只布置一种花卉。因花台高出地面，故应选用株形较矮、繁密、匍匐或茎叶下垂于台壁的植物，如玉簪、鸢尾、萱草、兰花、阔叶麦冬、吊兰等。

③花钵

花钵可以说是活动的花坛，是随着现代化城市的发展，花卉种植手段逐步完善而推出的花卉应用形式。花卉的种植钵造型美观大方，纹饰以简洁的灰、白色调为宜。从造型上看，有圆形、方形、高脚杯形以及数个种植钵拼组成的六角形、八角形、菱形等形状。也有木制的种植箱、花车等形式，造型新颖别致、丰富多彩。钵内放置营养土用于栽植花卉。这种种植钵移动方便，里面花卉可以随季节变换，装饰效果好，是深受人们欢迎的新型花卉种植形式（图3-53）。其主要摆放于广场、街道及建筑物前进行装点，施工容易，能够迅速形成景观，符合现代化城市发展的需要。

④花架

植物本身有其独特的自然形态，一般的栽植很容易让人们忽略了它们的

图3-52 花台

图3-53 各式花钵

图3-54 各式花架

美感形态。要满足大众的审美愿望和人们求新求异的心理需求，就得改变老套模式进行创新，引起更多人的兴趣。人工造型弥补了自然植物的特性不能产生另类景象的缺陷，即可用人工花架与自然植物结合，构造植物立体景观。花架可以按照人们的想法，让植物综合在一起实现独特的植物景观。这种人工造型与自然植物形态相结合的植物造景是一种很好的方法（图3-54）。

⑤花境

花境是由多种花卉组合或花卉与灌木组合而形成的带状自然式景观，这是根据自然风景中花卉自然生长的规律加以艺术提炼而应用于园林的造景形式（图3-55）。

图 3-55 花境

图 3-56 雕塑为主景，植物为配景

图 3-57 公园植物的近景、中景与远景

用于花境的花卉种类繁多，色彩丰富，具有自然野趣，观赏效果十分显著。欧美国家特别是英国的园林中花境应用十分普遍，而我国目前花境应用较少，尚需普及推广。

2）植物造景的艺术手法

（1）主景与配景

园林中的景有主景与配景之分，起到控制作用的景称为主景。主景是核心和重点，往往呈现主要的功能或主题，是全园视线控制的焦点。配景起衬托作用，以使主景更为突出。在园林造景中既要强调主景的突出，又要重视配景的烘托；配景不能喧宾夺主，但又要达到衬托的效果。主景或主景区是风景园林的构图中心，处理好主配景关系就取得了提纲挈领的效果（图 3-56）。

（2）近景与远景

根据视点与景物之间的距离，风景园林一般分为近景、中景、远景（背景）三个层次。近景距离视点最近，可展现景物的细部和质地，可用作景观构图的边框和引导面；中景距离视点有一定距离，可展示景物全貌以及景物的主要细部和色彩，通常作主景，应重点布置，是构图的重心；远景距离视点特别远，景物大体轮廓可见，体量与细部不太清楚，而且越远越模糊，常用作景观背景。合理安排近景、中景与远景，可以加深景的画面，使景物富有层次感，让人们能形成深远的感受（图 3-57）。

（3）借景与障景

借景是将视线所及的园外景色组织到园内来成为园景的一部分。借景要达到"精"与"巧"的要求，使借来的景色和本园的空间环境巧妙地结合起来，让园内园外相互呼应，融为一体。借景能扩大空间，丰富园景，增加变化。障景则是"欲扬先抑"或是将有碍观瞻的建筑物屏障掉而采用的一种造景手法（图 3-58 至图 3-60）。

（4）框景与漏景

园林景观不可尽观，或平淡间有可取之景，则可利用门框、窗框、树框等，有选择地摄取空间的优美景色。框景类似于照相取景一样，可以达到增加景深、突出对景的奇异效果

图 3-58 拙政园远借北塔寺

图 3-59 沧浪亭邻借墙外景物

图 3-60 植物障景

（图 3-61）。漏景源于框景，漏景更加含蓄雅致，有"犹抱琵琶半遮面"之感（图 3-62）。

（5）对景与夹景

对景是园林中一种常见的构景手法，指设置于园林绿地轴线及风景视线端点的景。对景可使两个景观相互呈现，起到丰富园林景观的作用（图 3-63）。对景可分为正对和互对两种类型。夹景是指通过左右两侧景物，如树丛、树干、土山、建筑物等加以屏障，从而形成左右遮挡的狭长空间，以此突出端景地位，汇聚观赏者的视线，使景观空间定向延伸，从而增加景观的深远感，使景观更富有感染力（图 3-64）。

（6）点景与题景

在风景园林空间布局中，在与主景和主景区有视线直接或间接联系的部位，如山顶、山脊、山坡、山谷、水中、岸边、瀑侧、泉旁、溪源以及在视线控制地位或景区转折点上，经常利用山石、亭廊和雕塑等景物来点题，使景观有了焦点和凝聚中心。这种手法打破了空间的单调感，增加了意趣，起到了点景作用（图 3-65）。题景是抓住景观的某一特点，根据它的性质、用途，结合空间环境的景象和历史进行的高度概括，是诗词、书法、雕刻、建筑艺术的高度综合（图 3-66）。

图 3-61 框景　　　　　　　　　　图 3-62 漏景

图 3-63 艺圃高亭与低亭形成对景

图 3-64 夹景

图 3-65 黑山石点景　　　　　　　图 3-66 题景

2. 完成某绿地植物景观的调查

调查某绿地，分析各个园林景观中植物的栽植形式和艺术手法，并绘制主要植物栽植草测图，填写考核表（表3-3至表3-4）。要求分析的园林景观数量不少于5个。

表3-3 考核内容及评分标准（学生用）

班级		姓名		日期			
序号	评价要点			评价标准			
				优	良	中	差
1	按时出勤，遵守课堂纪律						
2	吃苦耐劳，能与老师、同学进行多向、丰富、适宜的信息交流						
3	能有效利用网络、图书资源等查找相关信息						
4	积极参与调研，能够提出有意义的问题或发表有意义的见解						
5	有计划地开展调研；能发现、提出有价值的问题；能分析问题、解决问题、创新问题						
6	保质保量按时完成调研报告；较好地掌握了专业知识点；具有较强的信息搜集和分析能力；具有较强的逻辑思维能力和表达能力						
课堂小结							

表3-4 考核内容及评分标准（教师用）

班级		姓名		日期			
出勤情况							
序号	评价要点			评价标准			
				优	良	中	差
1	明确任务要求，并能清晰描述						
2	材料、工具准备充分						
3	有调研计划						
4	积极主动，注意方法						
5	调研报告符合要求，内容全面、条理清晰、图文并茂						
6	对园林景观的分析准确、恰当						
7	植物栽植草测图绘制清晰、准确						
课堂小结							

项目四

常见园林植物的识别

任务一 针叶类树木的识别与应用

任务二 庭荫树的识别与应用

任务三 观花、观果园林树木的识别与应用

任务四 观叶类园林植物的识别与应用

任务五 绿篱、藤本类植物的识别与应用

任务六 特型植物、竹类植物的识别与应用

任务七 水生植物的识别与应用

YUANLIN 园林植物识别与应用
ZHIWU SHIBIE YU
YINGYONG

任务一 针叶类树木的识别与应用

工作任务

1. 任务提出

调查本地区有哪些针叶类树木，包括植物名称、所在地的环境，植物的主要形态特征、生态习性、观赏点、应用形式等。

2. 任务分析

针叶类树木在园林绿化中应用非常广泛，这一部分任务的完成首先要求能区别哪些属于针叶类树木；其次要求能准确描述常见的针叶类树木的主要习性、观赏点和园林应用；最后要求学会总结针叶类树木的配植形式并对调查绿地中针叶类树木的生长状况和配植效果进行评价。

3. 任务要求

（1）整理出本地区常见针叶类树木名录、生态习性、观赏点及应用形式；

（2）对针叶类树木的配植效果进行评价；

（3）能够准确识别常见针叶类树木。

学习目标

1. 知识目标

（1）了解针叶类树木在园林中的作用；

（2）掌握常见针叶类树木的特征、习性及应用形式。

2. 能力目标

（1）能够准确识别园林中常见的针叶类树木；

（2）能够根据园林设计和绿化的要求选用针叶类树木。

3. 思政目标

（1）培养学生分析和鉴别的能力；

（2）培养学生吃苦耐劳的精神；

（3）增强学生对古树名木的保护意识。

任务实施

一、材料和用具

绿地中正常生长的针叶类树木、相机、记录本、电脑等。

二、任务步骤

1. 认识园林中常见的针叶类树木

针叶类树木多为乔木、灌木，稀为藤本；其叶多为针形、条形或鳞形（图4-1）；胚珠裸露，种子一般无果皮

| (a) 针形（马尾松） | (b) 条形（罗汉松） | (c) 鳞形（侧柏） | (d) 钻形（南洋杉） |

图 4-1 针叶类树木的叶形

包裹。针叶类树木大多为常绿树种，其树形优美，对环境的适应性强，在园林中备受推崇。可用作独赏树、庭荫树、行道树；还可丛植或片植组成风景林；乔木幼树或灌木类针叶树木还可用作绿篱、绿雕；低矮的如铺地柏、沙地柏等还可用作地被。

常见针叶类园林树木如下：

雪松 *Cedrus deodara* （Roxb. ex D. Don）G. Don

白皮松 *Pinus bungeana* Zucc. ex Endl.

黑松 *Pinus thunbergii* Parlatore

日本五针松 *Pinus parviflora* Siebold et Zuccarini

马尾松 *Pinus massoniana* Lamb.

罗汉松 *Podocarpus macrophyllus* （Thunb.）Sweet

南洋杉 *Araucaria cunninghamii* Sweet

柳杉 *Cryptomeria japonica* var. *sinensis* Miquel

红豆杉 *Taxus wallichiana* var. *chinensis* （Pilger）Florin

侧柏 *Platycladus orientalis* （L.）Franco

圆柏 *Juniperus chinensis* L.

金钱松 *Pseudolarix amabilis* （J. Nelson）Rehder

水杉 *Metasequoia glyptostroboides* Hu & W. C. Cheng

池杉 *Taxodium distichum* var. *imbricatum* （Nuttall）Croom

落羽杉 *Taxodium distichum* （L.）Rich.

码 4-1 常见针叶类园林树木

2. 完成绿地植物调查分析报告

完成本地区针叶类树木的调查，对调查的针叶类树种的形态特征、生态习性、应用形式、配植效果等进行分析，并总结形成调研报告。参考格式如下：

针叶类树木应用调查分析报告

姓名：＿＿＿＿＿＿　　　班级：＿＿＿＿＿＿　　　调查时间：＿＿＿＿＿＿

1. 调查区范围及地理情况

2. 针叶类树木调查分析（完成表 4-1 至表 4-3）

（1）针叶类树木配植表

表 4-1 针叶类树木配植表

序号	植物名称	学名	科别	生态习性	观赏特性	应用形式
1						
2						
3						
4						
5						
6						
7						
8						
9						
10						
…						

（2）针叶类树木配植情况分析（根据调查地树木情况分析树木的形态特征、生态习性、应用形式、配植效果等）

表 4-2 考核内容及评分标准（学生用）

班级		姓名		日期			
序号	评价要点			评价标准			
				优	良	中	差
1	按时出勤，遵守课堂纪律						
2	吃苦耐劳，能与老师、同学进行多向、丰富、适宜的信息交流						
3	能有效利用网络、图书资源等查找相关信息						
4	积极参与调研，能够提出有意义的问题或发表有意义的见解						
5	有计划地开展调研；能发现、提出有价值的问题；能分析问题、解决问题、创新问题						
6	保质保量按时完成调研报告；较好地掌握了专业知识点；具有较强的信息搜集和分析能力；具有较强的逻辑思维能力和表达能力						
课堂小结							

表 4-3 考核内容及评分标准（教师用）

班级		姓名		日期			
出勤情况							
序号	评价要点	评价标准					
		优		良	中		差
1	明确任务要求，并能清晰描述						
2	材料、工具准备充分						
3	有调研计划						
4	积极主动，注意方法						
5	调研报告符合要求，内容全面、条理清晰、图文并茂						
6	植物的形态特征、主要习性、园林应用及效果分析准确恰当						
课堂小结							

任务二 庭荫树的识别与应用

工作任务

1. 任务提出

调查本地区园林绿化中的庭荫树，内容包括植物名称、所在地的环境，植物的主要形态特征、生态习性、观赏点、应用形式等。

2. 任务分析

庭荫树在选择上需将观赏效果和遮阴功能相结合，观花、观叶、观果的乔木均可用作庭荫树，因此在园林应用中要充分考虑植物自身的形态特征、生态习性和景观效果。为了顺利完成本部分的学习，首先要准确识别庭荫树种；其次要准确描述庭荫树的主要习性、观赏点和园林应用，能够分析庭荫树对周围植物和环境的要求；最后要善于观察庭荫树与其他树的搭配效果。

3. 任务要求

（1）整理出本地区常见庭荫树名录、生态习性、观赏点及应用形式；

（2）能够准确识别常见庭荫树。

学习目标

1. 知识目标

（1）了解庭荫树在园林景观中的作用；

（2）掌握常见庭荫树的特征、习性及在园林中的应用形式。

2. 能力目标

（1）能够准确识别园林中常见的庭荫树 20 种以上；

（2）能够根据园林设计和绿化的要求选择庭荫树。

3. 思政目标

（1）增强学生的环境保护意识；

（2）培养学生的团结协作能力和认真负责的态度；

（3）培养学生分析和鉴别能力。

任务实施

一、材料和用具

绿地中正常生长的庭荫树、相机、记录本、电脑等。

二、任务步骤

1. 认识园林中常见的庭荫树

庭荫树树冠高大，枝条浓密，能够为人们提供一个阴凉的环境。庭荫树的选择以阔叶树种为最佳，根据其冬季是否落叶分为落叶类和常绿类。在园林中多植于路旁，池边，廊、亭前后或与山石、建筑等相配，或在局部小景区三五成组地散植各处，形成有自然之趣的布局，亦可在规整的有轴线布局的地区进行规则式配植（图 4-2、图 4-3）。

常见庭荫树种如下：

白兰 *Michelia* × *alba* DC.

荷花玉兰 *Yulania denudata* （Desr.）D. L. Fu

乐昌含笑 *Michelia chapensis* Dandy

鹅掌楸 *Liriodendron chinense* （Hemsl.）Sarg.

垂柳 *Salix babylonica* L.

刺槐 *Robinia pseudoacacia* L.

刺桐 *Erythrina variegata* L.

羊蹄甲 *Bauhinia purpurea* L.

槐 *Styphnolobium japonicum* （L.）Schott

杜英 *Elaeocarpus decipiens* Hemsl.

枫杨 *Pterocarya stenoptera* C. DC.

构树 *Broussonetia papyrifera* （L.）L'Hér. ex Vent.

黄葛树 *Ficus virens* Aiton

小叶榕 *Ficus concinna* Miq.

苦楝 *Melia azedarach* L.

蓝花楹 *Jacaranda mimosifolia* D. Don

图 4-2 香樟作行道树

图 4-3 黄葛树孤植

栾树 *Koelreuteria paniculata* Laxm.

白花泡桐 *Paulownia fortunei* （Seem.） Hemsl.

朴树 *Celtis sinensis* Pers.

香樟 *Cinnamomum camphora* （L.） Presl

天竺桂 *Cinnamomum japonicum* Sieb.

二球悬铃木 *Platanus acerifolia* （Aiton） Willd.

银杏 *Ginkgo biloba* L.

重阳木 *Bischofia polycarpa* （Levl.） Airy Shaw

码 4-2 常见
庭荫树种

2. 完成绿地植物调查分析报告

完成本地区庭荫树的调查，对调查的庭荫树的形态特征、生态习性、应用形式、配植效果等进行分析，并总结形成调研报告。参考格式如下：

庭荫树应用调查分析报告

姓名：_____ 　班级：_____ 　调查时间：_____

1. 调查区范围及地理情况

2. 庭荫树调查分析（完成表 4-4 至表 4-6）

（1）庭荫树配植表

表 4-4 庭荫树配植表

序号	植物名称	学名	科别	生态习性	观赏特性	应用形式
1						
2						
3						
4						
5						
6						
7						
8						
9						
10						
...						

（2）庭荫树配植情况分析（根据调查地树木情况分析树木的形态特征、生态习性、应用形式、配植效果等）

表4-5 考核内容及评分标准（学生用）

班级		姓名		日期			
序号	评价要点			评价标准			
				优	良	中	差
1	按时出勤，遵守课堂纪律						
2	吃苦耐劳，能与老师、同学进行多向、丰富、适宜的信息交流						
3	能有效利用网络、图书资源等查找相关信息						
4	积极参与调研，能够提出有意义的问题或发表有意义的见解						
5	有计划地开展调研；能发现、提出有价值的问题；能分析问题、解决问题、创新问题						
6	保质保量按时完成调研报告；较好地掌握了专业知识点；具有较强的信息搜集和分析能力；具有较强的逻辑思维能力和表达能力						
课堂小结							

表4-6 考核内容及评分标准（教师用）

班级		姓名		日期			
出勤情况							
序号	评价要点			评价标准			
				优	良	中	差
1	明确任务要求，并能清晰描述						
2	材料、工具准备充分						
3	有调研计划						
4	积极主动，注意方法						
5	调研报告符合要求，内容全面、条理清晰、图文并茂						
6	植物的形态特征、主要习性、园林应用及效果分析准确恰当						
课堂小结							

任务三 观花、观果园林树木的识别与应用

工作任务

1. 任务提出

调查学校及学校周围园林绿化中的观花、观果树木，包括植物名称、所在地的环境，植物的主要形态特征、生态习性、观赏点、应用形式等。

2. 任务分析

花、果具有观赏价值的树木繁多，在园林中的应用也十分广泛。针对观花树木，要明确其花期、开花类别、花相、花形、花色、花香等不同观赏特性；观果类树木除了具有突出的观果特点以外，可能其花、叶、干也有观赏价值，要学会综合认识。此外，观花、观果类树木除了考虑观花特点、观果特点以外，还要考虑习性、栽植地的自然环境和周围环境、其他植物和园林建筑的衬托效果等。

3. 任务要求

（1）整理出调查地区观花、观果树木的名录、生态习性、观赏点及应用形式；

（2）对观花、观果树木的配植效果进行评价；

（3）能够准确识别常见观花、观果树木。

学习目标

1. 知识目标

（1）了解观花、观果树木在园林景观中的作用；

（2）掌握观花、观果树木形态识别的方法；

（3）掌握常见观花、观果树木的形态特征、习性及在园林中的应用形式。

2. 能力目标

（1）能够准确识别园林中常见的观花、观果树木各 40 种以上；

（2）能够根据园林设计和绿化的要求选用观花、观果树木。

3. 思政目标

（1）培养学生分析和鉴别的能力；

（2）培养学生吃苦耐劳的精神；

（3）提高学生的园林艺术欣赏水平。

任务实施

一、材料和用具

绿地中正常生长的观花、观果树木，相机，记录本，电脑等。

二、任务步骤

1. 认识园林中常见的观花、观果树木

观花类树木是以观花为主的木本植物，这一类植物的花在花形、花色、芳香或花序等方面具有观赏价值。花瓣数多、重瓣性强、花朵大、花的形态奇特的树木观赏价值高。花相包括独生花相、线性花相、星散花相、团簇花相、覆被花相、密满花相和干生花相（图4-4）。花色一般指花朵盛开时的颜色，包括颜色种类、浓淡、复色、变化等。花香是花朵分泌和散发出的令人愉悦的气味，可分为清香、甜香、浓香、淡香、幽香等。观果类树木主要观赏果实的色、香、味、形、量等。在园林绿地里的果木类树木不追求经济价值，要求经久耐看、不污染地面，其价值具体体现在果实的果形奇特或体积大，色彩鲜艳醒目，果实数量繁多这几个方面。

树形优美、花朵芳香、果实硕大、结果丰盛的观花、观果类树木可在开阔地孤植，用于展现个体美。灌木或小乔木类的可丛植或群植于草坪中央、林缘、角隅处，作为主景、配景；还可用作花篱、果篱或观赏盆栽（图4-5、图4-6）。

1）常见观花类树木

白玉兰 *Yulania denudata* （Desr.） D. L. Fu

紫玉兰 *Yulania liliiflora* （Desr.） D. L. Fu

垂丝海棠 *Malus halliana* Koehne

西府海棠 *Malus × micromalus* Makino

山茶 *Camellia japonica* L.

日本晚樱 *Prunus serrulata* var. *lannesiana* （Carri.） Makino

梅 *Prunus mume* Siebold & Zucc.

玫瑰 *Rosa rugosa* Thunb.

月季花 *Rosa chinensis* Jacq.

码4-3 常见观花类树木

（a）线性花相（迎春）　　（b）干生花相（紫荆）　　（c）团簇花相（绣球）

图4-4 植物的花相

图4-5 杜鹃花篱

图4-6 老桩梅花

蔷薇 *Rosa multiflora* Thunb.

杜鹃 *Rhododendron simsii* Planch.

木绣球 *Viburnum keteleeri* 'Sterile'

结香 *Edgeworthia chrysantha* Lindl.

蜡梅 *Chimonanthus praecox* （L.） Link

紫荆 *Cercis chinensis* Bunge

迎春花 *Jasminum nudiflorum* Lindl.

桂花 *Osmanthus fragrans* Lour.

茉莉花 *Jasminum sambac* （L.） Aiton

紫薇 *Lagerstroemia indica* L.

夹竹桃 *Nerium oleander* L.

栀子 *Gardenia jasminoides* Ellis

米仔兰 *Aglaia odorata* Lour.

木槿 *Hibiscus syriacus* L.

扶桑 *Hibiscus rosa-sinensis* L.

木芙蓉 *Hibiscus mutabilis* L.

绣球 *Hydrangea macrophylla* （Thunb.） Ser.

金丝桃 *Hypericum monogynum* L.

茶梅 *Camellia sasanqua* Thunb.

红千层 *Callistemon rigidus* R．Br.

2）常见观果类树木

柚 *Citrus maxima* （Burm.） Merr.

柑橘 *Citrus reticulata* Blanco

佛手 *Citrus medica* 'Fingered'

石榴 *Punica granatum* L.

枸骨 *Ilex cornuta* Lindl. & Paxt.

火棘 *Pyracantha fortuneana* （Maxim.） Li

南天竹 *Nandina domestica* Thunb.

枇杷 *Eriobotrya japonica* （Thunb.） Lindl.

柿 *Diospyros kaki* Thunb.

杨梅 *Morella rubra* Lour.

枣树 *Ziziphus jujuba* Mill.

无花果 *Ficus carica* L.

码 4-4 常见
观果类树木

2. 完成绿地植物调查分析报告

完成本地区观花、观果树木的调查，对调查的观花、观果树木的形态特征、生态习性、应用形式、配植效果等进行分析，并总结形成调研报告。参考格式如下：

观花、观果树木应用调查分析报告

姓名：＿＿＿＿＿　　班级：＿＿＿＿＿　　调查时间：＿＿＿＿＿

1. 调查区范围及地理情况

2. 观花、观果树木调查分析（表4-7至表4-9）

（1）观花、观果树木配植表

表4-7 观花、观果树木配植表

序号	植物名称	学名	科别	生态习性	观赏特性	花／果期	应用形式
1							
2							
3							
4							
5							
6							
7							
8							
9							
10							
…							

（2）观花、观果树木配植情况分析（根据调查地树木情况分析树木的形态特征、生态习性、应用形式、配植效果等）

表4-8 考核内容及评分标准（学生用）

班级		姓名		日期			
序号	评价要点			评价标准			
				优	良	中	差
1	按时出勤，遵守课堂纪律						
2	吃苦耐劳，能与老师、同学进行多向、丰富、适宜的信息交流						
3	能有效利用网络、图书资源等查找相关信息						
4	积极参与调研，能够提出有意义的问题或发表有意义的见解						
5	有计划地开展调研；能发现、提出有价值的问题；能分析问题、解决问题、创新问题						
6	保质保量按时完成调研报告；较好地掌握了专业知识点；具有较强的信息搜集和分析能力；具有较强的逻辑思维能力和表达能力						
课堂小结							

表4-9 考核内容及评分标准（教师用）

班级		姓名		日期			
出勤情况							
序号	评价要点			评价标准			
				优	良	中	差
1	明确任务要求，并能清晰描述						
2	材料、工具准备充分						
3	有调研计划						
4	积极主动，注意方法						
5	调研报告符合要求，内容全面、条理清晰、图文并茂						
6	植物的形态特征、主要习性、园林应用及效果分析准确恰当						
课堂小结							

任务四 观叶类园林植物的识别与应用

工作任务

1. 任务提出

选择 3 ~ 5 块应用观叶类植物造景的绿地，调查这些观叶类植物的形态特征、习性、观赏点、配植方式等，并对其应用效果进行分析。

2. 任务分析

观叶类植物或叶形奇特，或叶色艳丽。在本部分的学习中，首先要明确观叶类植物的形态特征，尤其是叶形及叶色的变化规律；其次要掌握这些植物的园林应用，善于观察观叶类植物，尤其是彩叶类植物与其他植物的搭配效果；最后能从植物的形态特征、生态习性、配植效果等方面，综合分析绿地植物配植的优缺点。

3. 任务要求

（1）整理出调查地区观叶类植物的名录、生态习性、观赏点及应用形式；

（2）对观叶类植物的配植效果进行评价；

（3）能够准确识别常见观叶类植物。

学习目标

1. 知识目标

（1）了解观叶类植物的概念和分类；

（2）掌握常见观叶类植物的形态特征、习性及在园林中的应用形式。

2. 能力目标

（1）能够准确识别园林中常见观叶类植物 20 种以上；

（2）能够根据园林设计和绿化的要求选择和应用观叶类植物。

3. 思政目标

（1）培养学生分析和鉴别的能力；

（2）培养学生吃苦耐劳的精神；

（3）提高学生的园林艺术欣赏水平。

任务实施

一、材料和用具

绿地中正常生长的观叶类植物、相机、记录本、电脑等。

二、任务步骤

1. 认识园林中常见的观叶类植物

观叶类园林植物的叶形或叶色具有良好的观赏价值，可分为异形叶类和异色叶类。异形叶类植物的叶形奇特，具有观赏价值，如鹅掌藤、八角金盘等（图 4-7）。异色叶类植物又称为色叶类植物或彩叶植物，这类植物的叶色常为红色、紫色、黄色等（图 4-8）。根据异色叶类植物叶色变化的特点又可将其分为：常色叶类、春色叶类、秋色叶类。

异形叶类叶形奇特，充满魅力；异色叶类色彩斑斓，极大地丰富了城市园林的色彩。观叶类植物在配植应用时要考虑叶片大小、叶色是否与其他植物相适应，是否与周围环境相协调。此外，还要符合观叶植物的生物学特性。

（a）鹅掌藤	（b）八角金盘	（c）春羽

图 4-7 异形叶类

(a) 变叶木

(b) 黄金串钱柳

(c) 红枫

图 4-8 异色叶类

常见观叶类植物：

八角金盘 *Fatsia japonica* (Thunb.) Decne. et Planch.

鹅掌藤 *Heptapleurum arboricola* Hayata

橡皮树 *Ficus elastica* Roxb. ex Hornem.

海芋 *Alocasia odora* (Roxburgh) K. Koch

龟背竹 *Monstera deliciosa* Liebm.

鹤望兰 *Strelitzia reginae* Aiton

芭蕉 *Musa basjoo* Sieb. et Zucc.

美人蕉 *Canna indica* L.

紫叶李 *Prunus cerasifera* 'Atropurpurea'

变叶木 *Codiaeum variegatum* (L.) A. Juss.

红枫 *Acer palmatum* 'Atropurpureum'

红背桂 *Excoecaria cochinchinensis* Lour.

红花檵木 *Loropetalum chinense* var. *rubrum* Yieh

黄金串钱柳 *Melaleuca bracteata* F.Muell.

珍珠金合欢 *Acacia podalyriifolia* G. Don

光叶子花 *Bougainvillea glabra* Choisy

艳山姜 *Alpinia zerumbet* (Pers.) B. L. Burtt & R. M. Sm.

彩叶草 *Coleus scutellarioides* (L.) Benth.

肾形草 *Heuchera micrantha* Douglas ex Lindl.

石楠 *Photinia serratifolia* (Desf.) Kalkman

金森女贞 *Ligustrum japonicum* 'Howardii'

金叶女贞 *Ligustrum × vicaryi* Rehder

码 4-5 常见
观叶类植物

2. 完成绿地植物调查分析报告

完成本地区观叶类植物的调查，对调查的观叶类植物的形态特征、生态习性、应用形式、配植效果等进行分析，并总结形成调研报告。参考格式如下：

观叶类植物应用调查分析报告

姓名：_____　　班级：_____　　调查时间：_____

1. 调查区范围及地理情况

2. 观叶类植物调查分析（表4-10至表4-12）

（1）观叶类植物配植表

表4-10　观叶类植物配植表

序号	植物名称	学名	科别	生态习性	观赏特性	应用形式
1						
2						
3						
4						
5						
6						
7						
8						
9						
10						
...						

（2）观叶类植物配植情况分析（根据调查地植物情况分析植物的形态特征、生态习性、应用形式、配植效果等）

表 4-11 考核内容及评分标准（学生用）

班级		姓名		日期			
序号	评价要点			评价标准			
				优	良	中	差
1	按时出勤，遵守课堂纪律						
2	吃苦耐劳，能与老师、同学进行多向、丰富、适宜的信息交流						
3	能有效利用网络、图书资源等查找相关信息						
4	积极参与调研，能够提出有意义的问题或发表有意义的见解						
5	有计划地开展调研；能发现、提出有价值的问题；能分析问题、解决问题、创新问题						
6	保质保量按时完成调研报告；较好地掌握了专业知识点；具有较强的信息搜集和分析能力；具有较强的逻辑思维能力和表达能力						
课堂小结							

表 4-12 考核内容及评分标准（教师用）

班级		姓名		日期			
出勤情况							
序号	评价要点			评价标准			
				优	良	中	差
1	明确任务要求，并能清晰描述						
2	材料、工具准备充分						
3	有调研计划						
4	积极主动，注意方法						
5	调研报告符合要求，内容全面、条理清晰、图文并茂						
6	植物的形态特征、主要习性、园林应用及效果分析准确恰当						
课堂小结							

任务五 绿篱、藤本类植物的识别与应用

工作任务

1. 任务提出

调查学校周围的主要街道、广场、居住区和公园的绿篱、藤本类植物，内容包括绿篱、藤本植物的名录、主要形态特征、生态习性、配植方式及在园林中的作用。

2. 任务分析

绿篱植物在园林中除了供观赏之外，最主要的功能是分隔空间、提供保护等。在对绿篱类植物的识别与应用的学习中，首先要准确描述常见绿篱植物的形态特征，掌握这些植物的生态习性、观赏特性及园林应用形式。其次要观察分析调查地绿篱植物的色彩、高度等的搭配，掌握不同功能条件下对绿篱植物选择的要求。藤本类植物主要用于垂直绿化和棚架、墙体、门廊等的绿化，要求掌握藤本类植物的形态特征、观赏特性、生态习性，并根据这些知识将藤本植物合理地应用到园林造景中。

3. 任务要求

（1）整理出调查地区绿篱、藤本类植物的名录、生态习性、观赏点及应用形式；

（2）对绿篱、藤本类植物的配植效果进行评价；

（3）能够准确识别常见绿篱、藤本类植物。

学习目标

1. 知识目标

（1）了解绿篱植物、藤本植物在园林景观中的作用；

（2）掌握常见绿篱植物的概念和类型；

（3）掌握绿篱植物、藤本植物的形态特征、习性及在园林中的应用形式。

2. 能力目标

（1）能够准确识别园林中常见的绿篱植物、藤本植物；

（2）能够根据常见绿篱植物、藤本植物的观赏特性和生态习性将其合理应用于园林中；

（3）能根据园林绿地的需求合理选择绿篱植物、藤本植物。

3. 思政目标

（1）培养学生分析和鉴别的能力；

（2）培养学生提出问题、解决问题的能力；

（3）提高学生的园林艺术欣赏水平。

任务实施

一、材料和用具

绿地中正常生长的绿篱、藤本类植物，相机，记录本，电脑等。

二、任务步骤

1. 认识园林中常见的绿篱、藤本类植物

绿篱是由灌木或小乔木密植而成，具有美化环境、围定场地、分隔空间、屏障视线等作用，可用于雕像、喷泉、小品的背景栽植。绿篱根据其高度可分为绿墙（高1.6 m以上）、高绿篱（高1.2～1.6 m）、中绿篱（高0.5～1.2 m）和矮绿篱（高0.5 m以下）；依据功能和观赏性的要求可分为花篱、果篱、刺篱、叶篱、彩叶篱等。能够用作绿篱的植物通常具有枝叶稠密、萌芽力强、耐修剪、抗逆性强等特点（图4-9）。

藤本植物指茎干细长，自身不能直立，需要依靠支撑物缠绕、攀缘向上或匍匐在地面蔓延生长的植物。根据茎的质地不同，可将藤本植物分为木质藤本和草质藤本；根据攀缘特性的不同，可分为缠绕类、吸附类、卷须类和匍匐类（图4-10）。藤本植物在园林中可用于墙面、屋顶、立交桥、棚架、篱垣、地面等的绿化。有观花的，如凌霄、金银花等；有观叶的，如爬山虎、常春藤等；有观果的，如葡萄、猕猴桃等。藤本植物的栽植可充分利用绿化空间，提高绿化质量，对于改善和保护环境也十分有利。

1）常见的绿篱植物

大叶黄杨 *Euonymus japonicus* Thunb.

小叶黄杨 *Buxus sinica* var. *parvifolia* M. Cheng

雀舌黄杨 *Buxus bodinieri* Lévl.

萼距花 *Cuphea hookeriana* Walp.

六月雪 *Serissa japonica*（Thunb.）Thunb. Nov. Gen.

海桐 *Pittosporum tobira*（Thunb.）Ait.

日本珊瑚树 *Viburnum awabuki* K. Koch

蚊母树 *Distylium racemosum* Siebold & Zucc.

十大功劳 *Mahonia fortunei*（Lindl.）Fedde

阔叶十大功劳 *Mahonia bealei*（Fort.）Carr.

小蜡 *Ligustrum sinense* Lour.

小叶女贞 *Ligustrum quihoui* Carr.

2）常见的藤本植物

紫藤 *Wisteria sinensis*（Sims）DC.

常春油麻藤 *Mucuna sempervirens* Hemsl.

金银花 *Lonicera japonica* Thunb.

爬山虎 *Parthenocissus tricuspidata*（Siebold & Zucc.）Planch.

蔓长春花 *Vinca major* L.

常春藤 *Hedera nepalensis* var. *sinensis*（Tobl.）Rehd.

图4-9 萼距花（矮绿篱）

（a）爬山虎（吸附类）　（b）铁线莲（卷须类）

（c）常春藤（匍匐类）

（d）猕猴桃（缠绕类）

图4-10 常见藤本植物

凌霄 *Campsis grandiflora* （Thunb.） Schum.

铁线莲 *Clematis florida* Thunb.

2. 完成绿地植物调查分析报告

　　完成本地区绿篱、藤本类植物的调查，对调查的绿篱、藤本类植物的形态特征、生态习性、应用形式、配植效果等进行分析，并总结形成调研报告。参考格式如下：

绿篱、藤本类植物应用调查分析报告

　　　　姓名：_____　　班级：_____　　调查时间：_____

1. 调查区范围及地理情况

2. 绿篱、藤本类植物调查分析（表 4-13 至表 4-15）

（1）绿篱、藤本类植物配植表

表 4-13 绿篱、藤本类植物配植表

序号	植物名称	学名	科别	生态习性	观赏特性	应用形式
1						
2						
3						
4						
5						
6						
7						
8						
9						
10						
...						

（2）绿篱、藤本类植物配植情况分析（根据调查地植物情况分析植物的形态特征、生态习性、应用形式、配植效果等）

表 4-14 考核内容及评分标准（学生用）

班级		姓名		日期			
序号	评价要点			评价标准			
				优	良	中	差
1	按时出勤，遵守课堂纪律						
2	吃苦耐劳，能与老师、同学进行多向、丰富、适宜的信息交流						
3	能有效利用网络、图书资源等查找相关信息						
4	积极参与调研，能够提出有意义的问题或发表有意义的见解						
5	有计划地开展调研；能发现、提出有价值的问题；能分析问题、解决问题、创新问题						
6	保质保量按时完成调研报告；较好地掌握了专业知识点；具有较强的信息搜集和分析能力；具有较强的逻辑思维能力和表达能力						
课堂小结							

表 4-15 考核内容及评分标准（教师用）

班级		姓名		日期			
出勤情况							
序号	评价要点			评价标准			
				优	良	中	差
1	明确任务要求，并能清晰描述						
2	材料、工具准备充分						
3	有调研计划						
4	积极主动，注意方法						
5	调研报告符合要求，内容全面、条理清晰、图文并茂						
6	植物的形态特征、主要习性、园林应用及效果分析准确恰当						
课堂小结							

任务六 特型植物、竹类植物的识别与应用

工作任务

1. 任务提出

调查学校周围的主要街道、广场、居住区和公园的特型植物、竹类植物，内容包括特型植物、竹类植物的名录、主要形态特征、生态习性、配植方式及在园林中的作用。

2. 任务分析

苏铁科、棕榈科、天门冬科的植物和竹类植物，外形独特，绿化、美化效果俱佳，在园林中应用广泛。本部分的学习首先要明确特型植物及竹类植物的观赏特性。其次要能够准确辨认园林中常见的特型植物和竹类植物，掌握这些植物的生态习性，在园林中的应用形式。最后要观察分析调查地的特型植物和竹类植物与周围植物、环境的配植效果，并进行评价。

3. 任务要求

（1）整理出调查地区特型植物、竹类植物的名录、生态习性、观赏点及应用形式；

（2）对特型植物、竹类植物的配植效果进行评价；

（3）能够准确识别常见特型植物、竹类植物。

学习目标

1. 知识目标

（1）掌握特型植物、竹类植物的概念和类型；

（2）了解特型植物、竹类植物在园林景观中的作用；

（3）掌握特型植物、竹类植物的形态特征、习性及在园林中的应用形式。

2. 能力目标

（1）能够准确识别园林中常见的特型植物、竹类植物各 20 种以上；

（2）能够根据常见特型植物、竹类植物的观赏特性和生态习性将其合理应用于园林中；

（3）能根据园林绿地的需求合理选择特型植物、竹类植物。

3. 思政目标

（1）培养学生分析和鉴别的能力；

（2）培养学生对传统文化的自信和民族自信；

（3）提高学生的园林艺术欣赏水平。

任务实施

一、材料和用具

绿地中正常生长的特型植物和竹类植物、相机、记录本、电脑等。

二、任务步骤

1. 认识园林中常见的特型植物、竹类植物

特型植物主要指苏铁科、棕榈科、天门冬科等的植物，这类植物的形态特殊，叶片大而美丽，极具热带风情。高大的乔木状的特型植物如蒲葵、枣椰树等可作为行道树（图4-11a）；灌木状的如软叶刺葵、苏铁、凤尾兰等可在草坪上孤植或丛植，应用于公园绿化（图4-11b）；袖珍椰子、鱼尾葵等耐阴性强，可吸收空气中的有害气体，常用于室内装饰。

竹类是我国传统的观赏植物，历来被视作圣洁高雅、刚强正直的象征。依据观赏部位的不同，可将竹类分为观竿、观叶、观笋三种类型（图4-12）。在园林中，大中型竹类可成片种植，营造大面积的竹林景观；色泽鲜艳、竿型独特的竹类可孤植或丛植用于观竿、观叶；低矮的灌木状竹类可用作绿篱、地被等。

1）常见的特型植物

苏铁 *Cycas revoluta* Thunb.

凤尾兰 *Yucca gloriosa* L.

棕榈 *Trachycarpus fortunei* (Hook.) H. Wendl.

蒲葵 *Livistona chinensis* (Jacq.) R. Br.

加拿利海枣 *Phoenix canariensis* Chabaud

江边刺葵 *Phoenix roebelenii* O'Brien

假槟榔 *Archontophoenix alexandrae* (F. Muell.) H. Wendl. et Drude

鱼尾葵 *Caryota maxima* Blume ex Martius

棕竹 *Rhapis excelsa* (Thunb.) Henry ex Rehd.

袖珍椰子 *Chamaedorea elegans* Mart.

码4-8 常见的
特型植物

2）常见的竹类植物

慈竹 *Bambusa emeiensis* L. C. Chia & H. L. Fung

凤尾竹 *Bambusa multiplex* f. *fernleaf* (R. A. Young) T. P. Yi

刚竹 *Phyllostachys sulphurea* var. *viridis* R. A. Young

小琴丝竹 *Bambusa multiplex* 'Alphonse-Karr' R.A.Young

阔叶箬竹 *Indocalamus latifolius* (Keng) McClure

楠竹 *Phyllostachys edulis* (Carriere) J. Houzeau

紫竹 *Phyllostachys nigra* (Lodd.) Munro

码4-9 常见的
竹类植物

（a）蒲葵（乔木状）

（b）苏铁（灌木状）

图4-11 特型植物

（a）凤尾竹（观叶）

（b）佛肚竹（观竿）

（c）楠竹（可观笋）

图4-12 观赏竹类

2. 完成绿地植物调查分析报告

完成本地区特型植物、竹类植物的调查，对调查的特型植物、竹类植物的形态特征、生态习性、应用形式、配植效果等进行分析，并总结形成调研报告。参考格式如下：

特型植物、竹类植物应用调查分析报告

姓名：_____ 班级：_____ 调查时间：_____

1. 调查区范围及地理情况

2. 特型植物、竹类植物调查分析（表 4-16 至表 4-18）

（1）特型植物、竹类植物配植表

表 4-16 特型植物、竹类植物配植表

序号	植物名称	学名	科别	生态习性	观赏特性	应用形式
1						
2						
3						
4						
5						
6						
7						
8						
9						
10						
...						

（2）特型植物、竹类植物配植情况分析（根据调查地植物情况分析植物的形态特征、生态习性、应用形式、配植效果等）

表 4-17 考核内容及评分标准（学生用）

班级		姓名			日期			
序号	评价要点				评价标准			
					优	良	中	差
1	按时出勤，遵守课堂纪律							
2	吃苦耐劳，能与老师、同学进行多向、丰富、适宜的信息交流							
3	能有效利用网络、图书资源等查找相关信息							
4	积极参与调研，能够提出有意义的问题或发表有意义的见解							
5	有计划地开展调研；能发现、提出有价值的问题；能分析问题、解决问题、创新问题							
6	保质保量按时完成调研报告；较好地掌握了专业知识点；具有较强的信息搜集和分析能力；具有较强的逻辑思维能力和表达能力							
课堂小结								

表 4-18 考核内容及评分标准（教师用）

班级		姓名			日期			
出勤情况								
序号	评价要点				评价标准			
					优	良	中	差
1	明确任务要求，并能清晰描述							
2	材料、工具准备充分							
3	有调研计划							
4	积极主动，注意方法							
5	调研报告符合要求，内容全面、条理清晰、图文并茂							
6	植物的形态特征、主要习性、园林应用及效果分析准确恰当							
课堂小结								

任务七 水生植物的识别与应用

工作任务

1. 任务提出

调查本地区常见的水生植物，包括植物名称、所在地的环境，植物的主要形态特征、生态习性、观赏点、应用形式等。

2. 任务分析

水生植物是现代园林造景中不可或缺的材料，这一部分任务要求：了解水生植物的四大类型及其常见的代表植物；掌握水生植物特征的识别方法；能准确描述这些植物的形态特征、主要习性、观赏点和园林应用。

3. 任务要求

（1）整理出本地区常见水生植物的名录、生态习性、观赏点及应用形式；

（2）对水生植物的配植效果进行评价；

（3）能够准确识别常见水生植物。

学习目标

1. 知识目标

（1）了解水生植物在园林中的作用；

（2）掌握常见水生植物的特征、习性及应用形式。

2. 能力目标

（1）能够准确识别园林中常见的水生植物；

（2）能够根据园林设计和绿化的要求选用合适的水生植物。

3. 思政目标

（1）培养学生分析和鉴别的能力；

（2）培养学生对传统文化的自信和民族自信；

（3）提高学生的园林艺术欣赏水平。

任务实施

一、材料和用具

绿地中正常生长的水生植物、相机、记录本、电脑等。

二、任务步骤

1. 认识园林中常见的水生植物

水生植物因其形态优美、色彩丰富、种类繁多，被广泛应用于城市园林的水景布置。这一类植物对水分要求和依赖程度较高，具有独特的形态特征和生物学特性。水生植物按照其生活方式和形态特征可分成四大类型：

（1）挺水类植物：这类植物的根扎在泥里，茎叶挺出水面，植株高大，常分布在 0 ～ 1.5 m 的浅水处。如荷花、再力花等（图 4-13a）。

（2）浮叶类植物：这类植物生于浅水中，根在土壤里，无明显的地上茎或茎细弱不能直立，叶片漂浮在水面上。如睡莲、王莲等（图 4-13b）。

（3）漂浮类植物：这类植物的根漂在水中，叶浮在水面上，可随波逐流。如浮萍、凤眼莲等（图 4-13c）。

（4）沉水类植物：这类植物扎根在泥土内，茎叶沉于水中，通气组织特别发达。如狐尾藻、海菜花等（图 4-13d）。

常见的水生植物有：

荷花 *Nelumbo nucifera* Gaertn.

睡莲 *Nymphaea tetragona* Georgi

梭鱼草 *Pontederia cordata* L.

花叶芦竹 *Arundo donax* 'Versicolor'

矮蒲苇 *Cortaderia selloana* 'Pumila'

水烛 *Typha angustifolia* L.

黄菖蒲 *Iris pseudacorus* L.

再力花 *Thalia dealbata* Fraser

狐尾藻 *Myriophyllum verticillatum* L.

码 4-10 常见的
水生植物

2. 完成绿地植物调查分析报告

完成本地区水生植物的调查，对调查的水生植物的形态特征、生态习性、应用形式、配植效果等进行分析，并总结形成调研报告。参考格式如下：

水生植物应用调查分析报告

姓名：_____ 班级：_____ 调查时间：_____

1. 调查区范围及地理情况

2. 水生植物调查分析（表 4-19 至表 4-21）

（a）荷花（挺水类）　　　　（b）睡莲（浮叶类）　　　　（c）凤眼莲（漂浮类）　　　　（d）狐尾藻（沉水类）

图 4-13 水生植物

（1）水生植物配植表

表 4-19 水生植物配植表

序号	植物名称	学名	科别	生态习性	观赏特性	应用形式
1						
2						
3						
4						
5						
6						
7						
8						
9						
10						
…						

（2）水生植物配植情况分析（根据调查地植物情况分析植物的形态特征、生态习性、应用形式、配植效果等）

表 4-20 考核内容及评分标准（学生用）

班级		姓名		日期			
序号	评价要点			评价标准			
				优	良	中	差
1	按时出勤，遵守课堂纪律						
2	吃苦耐劳，能与老师、同学进行多向、丰富、适宜的信息交流						
3	能有效利用网络、图书资源等查找相关信息						
4	积极参与调研，能够提出有意义的问题或发表有意义的见解						
5	有计划地开展调研；能发现、提出有价值的问题；能分析问题、解决问题、创新问题						
6	保质保量按时完成调研报告；较好地掌握了专业知识点；具有较强的信息搜集和分析能力；具有较强的逻辑思维能力和表达能力						
课堂小结							

表 4-21 考核内容及评分标准（教师用）

班级		姓名		日期			
出勤情况							
序号	评价要点			评价标准			
				优	良	中	差
1	明确任务要求，并能清晰描述						
2	材料、工具准备充分						
3	有调研计划						
4	积极主动，注意方法						
5	调研报告符合要求，内容全面、条理清晰、图文并茂						
6	植物的形态特征、主要习性、园林应用及效果分析准确恰当						
课堂小结							

项目五

植物造景设计案例分析及调查

任务一 城市广场、商业区植物造景设计

任务二 居住区的园林植物造景设计

任务三 城市公园的园林植物造景设计

任务四 庭院的植物造景设计

任务五 植物造景设计训练

YUANLIN 园林植物识别与应用

ZHIWU SHIBIE YU

YINGYONG

任务一 城市广场、商业区植物造景设计

工作任务

1. 任务提出

分析案例，理解城市广场、商业区园林设计的特点、基本功能要求；巩固植物识别技能；理解案例中植物配置的方法和原则。对指定城市广场、商业区绿化植物进行全面深入的调查分析。

2. 任务分析

本任务涉及植物造景、园林设计、植物识别与应用的相关知识。为了完成本任务，首先要明确项目所在地的自然条件，了解绿化设计的种植风格；其次要准确识别选用的植物，了解所选植物的观赏点、生态习性；最后参考相关学科知识，综合分析评价所选用的植物是否合理，是否能达到预期的景观、功能效果。

3. 任务要求

（1）对案例的绿化种植设计进行评价；

（2）实地调查本地区城市广场、商业区绿化并形成调查报告。

学习目标

1. 知识目标

（1）巩固植物识别技能；

（2）了解城市广场、商业区园林设计的特点、基本功能要求；

（3）理解城市广场、商业区园林植物配置的原则和方法。

2. 能力目标

（1）能利用植物识别软件和相关数据库识别案例中的植物；

（2）能根据区域自然条件合理选择植物进行配植设计。

3. 思政目标

（1）培养学生自主学习的能力；

（2）培养学生分析问题和解决问题的能力；

（3）培养学生的团队意识与合作精神。

任务实施

一、材料和用具

设计图纸、记录本、电脑等。

二、任务步骤

1. 植物造景案例分析

1）项目概况

本项目位于上海市杨浦区五角场地区城市副中心中部，南邻五角场商业中心，北靠三门路，东连江湾体育场，西靠上海财经大学。地块用地面积 12 575 m²，建筑面积 50 300 m²，主要建筑业态为酒店及办公楼（图 5-1）。

2）设计原则（图 5-2）

（1）人性空间

①建立以人体尺度为操作依据的景观空间。

②创造行人步行的舒适界面，以及可弹性使用的景观小广场。

（2）开放的空间

遵循总体规划理念创造一个基于校园、社区的景观环境。

（3）原生植栽

①引入层次丰富、不同高度的植栽，以精心布置的植栽材料提供最佳的四季景观转换。

②配合永续绿建筑的概念，选用原生植栽配置，避免水资源浪费。

③配合建筑设计创造视觉立体化和丰富多样的绿色空间。

3）布局特点

独立的大楼围绕一个中心花园，形成一个现代化的社区环境，不仅为在大楼里工作的人提供休憩场所，也为附近办公室员工、大学的学生、地块南边住宅区的居民提供了一个放松、玩耍和社交的场所。这个社区与创智天地中心区域，以及东边的江湾体育场形成了一个有活力的商业与休闲大社区。

景观设计中步道为先的设计理念与园区中心庭院的设计结合为本项目创建一个混合功能大型广场空间，也为布置绿地以及错落有致的密植植物和丰富水景提供了可能。场地内安排的遮蔽区域则为人们的集会和社交活动提供了诸多可能。植被的选择上大量采用本地自然植被和灌溉需求低的植物。雨水收集和处理系统为灌溉用水提供可能。

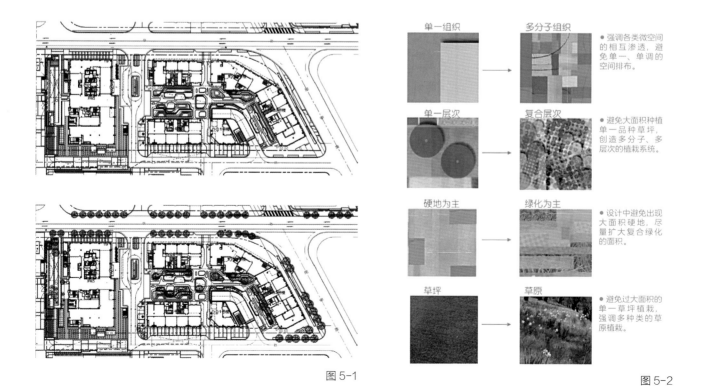

图 5-1

图 5-2

4）植物配置（表 5-1 至表 5-2）

表 5-1 乔木表

序号	植物名称	植物规格			数量	备注
		径 /cm	高度 /cm	冠幅 /cm		
1	香樟	胸径 22 ~ 24	700 ~ 800	650	23 株	分枝点高度 2.5 m 以上，全冠
2	大银杏	胸径 18 ~ 20	650 ~ 750	300 ~ 350	14 株	分枝点高度 2.0 m 以上，直生苗，只用雄株
3	大叶榉树	胸径 24 ~ 25	750 以上	500 以上	2 株	分枝点高度 2.0 m 以上，全梢，姿态好，直生苗
4	马褂木	胸径 16 ~ 18	800 ~ 850	300 ~ 350	2 株	分枝点高度 2.0 m 以上，全梢，直生苗
5	山樱桃	地径 15 ~ 16	250 ~ 300	250 以上	18 株	全梢，姿态好，直生苗
6	羽毛枫	胸径 10	250 以上	200 以上	1 株	全梢，姿态好，青色叶
7	夕阳红枫	胸径 10 ~ 12	700	300	9 株	全梢，姿态好，叶色纯
8	大红枫	地径 15	400	250	1 株	株形丰满，姿态好，叶色纯
9	小红枫	地径 10	300	200	2 株	株形丰满，姿态好，叶色纯

表 5-2 其他植物表

序号	植物名称	植物规格			备注
		胸径 /cm	高度 /cm	冠幅 /cm	
1	山茶	—	180	—	每株间距 50 cm，双排三角种植
2	小叶黄杨	—	60	—	
3	木贼	—	60	—	
4	黄金菊	—	30 ~ 40	—	满铺
5	小贯众	—	30	—	
6	紫娇花	—	20 ~ 30	—	满铺
7	景天	—	20	—	满铺

序号	植物名称	植物规格			备注
		胸径/cm	高度/cm	冠幅/cm	
8	苇状羊茅	—	—	—	满铺
9	**手撒草花种子**	**—**	**—**	**—**	**满铺**

2. 城市广场、商业区绿化植物的应用调查与配植设计

明确调查任务后制订任务计划；在给定绿地进行现场调查，了解调查地的自然条件和周围环境；明确调查地的园林植物的种类，各种植物的主要识别特征、生态习性，植物规格；绘制现有植物的种植分布草图并进行应用分析；对调查地的植物配置进行综合分析评价，总结优缺点，并提出改进方案。参考格式如下：

城市广场、商业区绿化植物应用调查分析报告

姓名：_____　　　班级：_____　　　调查时间：_____

1. 调查区范围及地理情况

2. 调查植物信息（表 5-3 至表 5-5）

（1）植物配植表

表 5-3 植物配植表

序号	植物名称	图片	识别要点	生态习性	观赏特性	应用形式
1						
2						
3						
4						
5						
6						
7						

续表

序号	植物名称	图片	识别要点	生态习性	观赏特性	应用形式
8						
9						
10						
…						

（2）植物种植草图及应用分析

（3）优化方案及说明

表 5-4 考核内容及评分标准（学生用）

班级		姓名		日期			
序号	评价要点			评价标准			
				优	良	中	差
1	按时出勤，遵守课堂纪律						
2	吃苦耐劳，能与老师、同学进行多向、丰富、适宜的信息交流						
3	能有效利用网络、图书资源等查找相关信息						
4	积极参与调研，能够提出有意义的问题或发表有意义的见解						
5	有计划地开展调研；能发现、提出有价值的问题；能分析问题、解决问题、创新问题						
6	保质保量按时完成调研报告；较好地掌握了专业知识点；具有较强的信息搜集和分析能力；具有较强的逻辑思维能力和表达能力						
课堂小结							

表5-5 考核内容及评分标准（教师用）

班级		姓名		日期			
	出勤情况						
序号	评价要点			评价标准			
				优	良	中	差
1	明确任务要求，并能清晰描述						
2	材料、工具准备充分						
3	有调研计划						
4	积极主动，注意方法						
5	调研报告符合要求，内容全面、条理清晰、图文并茂						
6	植物的形态特征、主要习性、园林应用及效果分析准确恰当						
7	提出的改进方案科学合理						
课堂小结							

任务二 居住区的园林植物造景设计

工作任务

1. 任务提出

分析案例，理解居住区绿地设计的原则、基本功能要求；巩固植物识别技能；理解案例中植物配置的方法和选择要求。对指定居住区绿化植物进行全面深入的调查分析。

2. 任务分析

居住区与人们的生活息息相关，居住区的植物配置优先选择本地树种，确定基调；再依据气候条件引进树种，突出观花、观果树种的选用。在植物的选择上还应注意环境保护方面的功能，如可具有防噪声、无毒、无污染、病虫害少等特点。为了完成本任务，首先要明确项目所在地的自然条件，了解绿化设计的种植风格；其次要准确识别选用的植物，了解所选植物观赏点、生态习性；最后综合植物造景、园林设计等基本理论，综合分析评价植物应用的得失。

3. 任务要求

（1）对案例的绿化种植设计进行评价；

（2）对指定居住区绿化进行调查并形成调查报告。

学习目标

1. 知识目标

（1）巩固植物识别技能；

（2）了解居住区绿地设计的原则、要求；

（3）理解居住区园林植物配置的原则和选择要求。

2. 能力目标

（1）能利用植物识别软件和相关数据库识别案例中的植物；

（2）能根据区域自然条件合理选择植物进行配植设计。

3. 思政目标

（1）培养学生自主学习的能力；

（2）培养学生分析问题和解决问题的能力；

（3）培养学生的团队意识与合作精神。

任务实施

一、材料和用具

设计图纸、记录本、电脑等。

二、任务步骤

1. 居住区绿化案例分析

1）项目概况

项目位于北京朝阳区孙河板块，东至孙河北路，西至孙河组团七号路（龙湖地块），南至孙河组团三号路，北至顺黄路（图 5-3），属北京市第二道绿化隔离带和温榆河绿色生态走廊规划控制地区，环境优美，交通便利，自然生态环境资源优势突出。占地面积 58 888.11 m²，地上建筑面积 64 777 m²。项目主力产品为地上 3 层地下 2 层的新中式别墅产品，围合成院落。

项目区整体较为平整，整个地块呈梯形，东西跨度约 320 m，南北跨度约 340 m。场地有高达十几米的大乔木几十株，北侧道路为主要道路，对面是几家商店与工厂，东侧和北侧道路与场地红线间有 1 ～ 3 m 的高差。因此，可将乔木运用到景观设计中，并利用高差营造微地形景观效果。北侧绿化带是设计的重要景观带。

2）设计原则

利用骨干树种营造空间——上层使用基调树（国槐）和点景树搭建空间，使上层乔木形成一个错落有致的统一整体。

注重节点位置的群落打造——结合场地特点，在节点位置和视线焦点上营造丰富的群落，增加场地内空间变化。

注重特色园的打造——场地内有三个特色园，针对不同的园子，利用不同的植物材料打造特色景观。

研究狭长空间的植物搭配——该地块宅间空间多为狭长形，设计时将结合主题，重点研究该类型绿地的视线及空间需求。

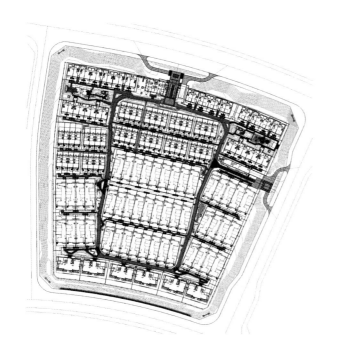

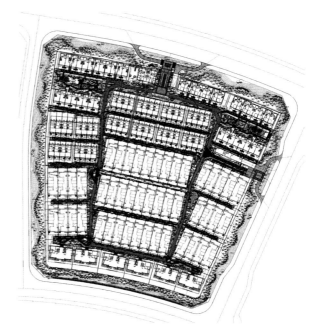

图 5-3 整体布局

3）布局特点（图 5-4 至图 5-13）

入口部分按照对称式设计进行配植，主要运用冠大荫浓的高大乔木撑起空间，在局部地方配以开花灌木，结合地被草花营造大气、尊贵的空间感受。

入口一种植说明：

行道植物：早园竹；

点景树：丛生蒙古栎；

搭配植物：碧桃、紫丁香、云杉；

搭配模式："乔木＋灌木＋草坪"。

入口二种植说明：

行道植物：银杏；

基调树：国槐；

搭配植物：金银木、云杉、紫丁香；

搭配模式："乔木＋灌木＋草坪"。

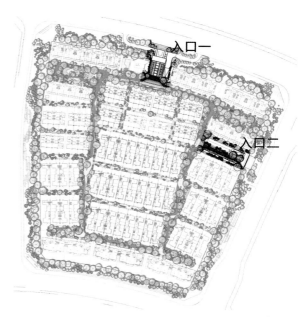

图 5-4 布局一

水院种植将结合跌瀑、水面做水生植物的搭配，沿岸将利用树形重点进行林冠天际线的设计。

点景树：垂柳、造型油松；

骨干树：国槐、白蜡；

搭配植物：黄栌、白皮松、迎春、鸢尾，水生植物；

搭配模式："乔木＋灌木＋草花＋水生植物"。

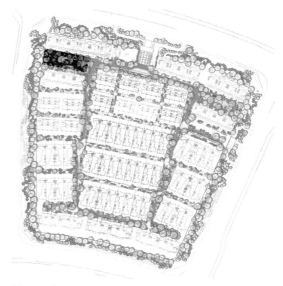

图 5-5 布局二

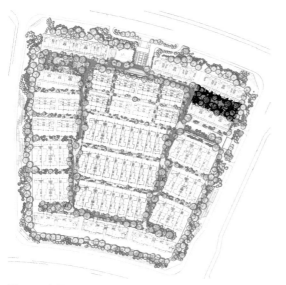

图 5-6 布局三

山院种植将结合地形，利用植物色彩、姿态的变化，在近人处配植色叶灌木、垂吊形灌木等，"软化"山体轮廓，增强景观亲和力。

点景树：合欢、石榴；

骨干树：国槐；

搭配植物：紫丁香、碧桃、云杉、油松、白皮松；

搭配模式："乔木＋灌木＋草花"。

该区在设计时将紧扣百花园的主题，上层选用开花树种合欢等作为点景树，骨干树种为国槐，配合花色鲜艳、花朵观赏性强的花灌木，力图在春、夏两季达到繁花锦簇的效果，同时，秋冬二季皆有景可观。

点景树：合欢、紫玉兰；

骨干树：国槐；

伞形花灌木：紫薇、紫丁香、连翘、贴梗海棠、天目琼花、山桃；

线形花灌木：木槿、樱花、紫叶李；

搭配模式："乔木＋灌木＋草花"。

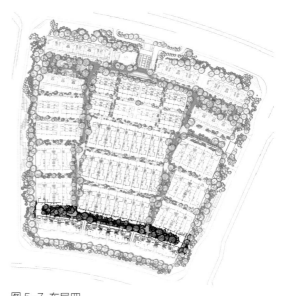

图 5-7 布局四

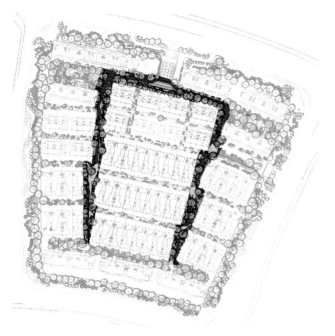

图 5-8 布局五

月巷主要利用水面在月光下产生倒影，古有诗云："疏影横斜水清浅，暗香浮动月黄昏。"极尽夜间水岸梅花的观赏意趣。设计将结合该意境，创造"树影斑驳、月光摇曳"的禅意景观。

上层：红梅；

中层：金银木；

下层：观赏草、宿根花卉。

景观带种植主要运用大乔木搭建空间骨架，配合枝叶繁茂的花灌木，营造一个四季季相变化丰富、错落有致的公共空间。

骨干树：国槐；

点景树：合欢、白蜡；

搭配植物：金银木、紫丁香、茶条槭、铅笔柏；

搭配模式："乔木＋灌木＋草花"。

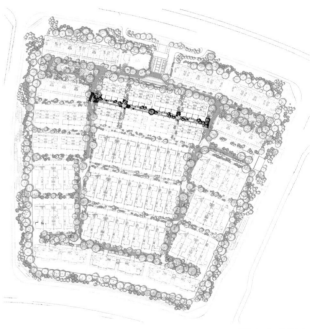

图 5-9 布局六

竹巷将以早园竹为主，局部地区用紫薇、红瑞木丰富季相变化、调和色调，下层配以玉簪、鸢尾等宿根花卉，力图营造大气、纯粹的景观空间。

上层：早园竹；

中层：紫薇、红瑞木；

下层：玉簪、鸢尾等宿根花卉。

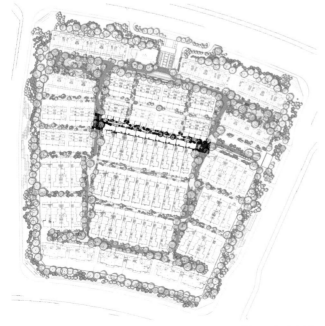

图 5-10 布局七

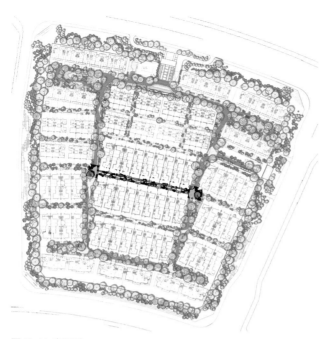

图 5-11 布局八

雨巷主要打造雨季特色景观，利用跌水形成水声，配合一系列水生植物创造"听雨"的自然意趣。

上层：青桐等；

中层：紫叶李、金银木等；

搭配植物：地被及水生植物。

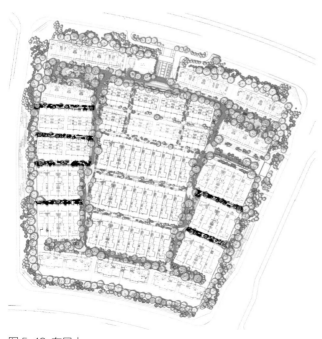

图 5-13 布局十

石巷将石景用地被和灌木搭配，选用观赏草、扶芳藤等蔓延性地被"软化"石景，使空间自然柔和。同时，为创造石景特色景观，将选用小紫珠、朱砂根等观果植物加以点缀，增加景观观赏性。

上层：国槐、白蜡等；

中层：早园竹、合欢、丛生元宝枫等；

下层：紫叶李、紫薇、玉簪、鸢尾、狼尾草等。

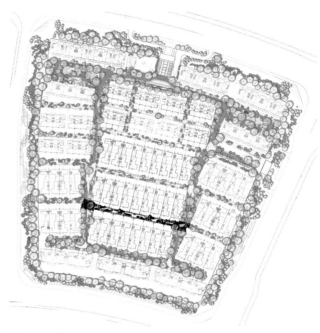

图 5-12 布局九

胡同是独具特色的文化象征，设计中六条胡同分别以六种果树为观赏点，突出自然淳朴的生活气息。搭配植物时将用对比的手法将果树衬托出来——开花树种梨树、杏树等将用色彩变化不多的乔灌木进行搭配，结合地被做出以梨树、杏树等为观赏焦点的景观。而核桃、槐树、柿树、枣树等开花季相不明显的树种则采取孤植的方法使其凸显。

点景树：果树等；

搭配植物：宿根花卉；

搭配模式："乔木＋草花"。

4）植物配置

表 5-6 乔木表

序号	苗木名称	规格	数量	单位	备注
1	云杉 A	树高 500 ～ 600 cm，冠幅 350 ～ 400 cm	11	株	全冠，树形饱满，无病害
2	云杉 B	树高 400 ～ 500 cm，冠幅 250 ～ 300 cm	25	株	全冠，树形饱满，无病害
3	造型油松 A	树高 600 ～ 700 cm，冠幅 500 ～ 550 cm	3	株	特型树，全冠，树形饱满，无病害
4	造型油松 B	树高 400 ～ 500 cm，冠幅 400 ～ 450 cm	9	株	特型树，全冠，树形饱满，无病害
5	造型油松 C	树高 200 ～ 250 cm，冠幅 300 ～ 350 cm	5	株	特型树，全冠，树形饱满，无病害
6	油松 A	地径 20 ～ 22 cm，枝下高 220 ～ 250 cm，树高 700 ～ 800 cm，冠幅 500 ～ 600 cm	3	株	全冠，树形饱满，无病害
7	油松 B	地径 15 ～ 18 cm，枝下高 200 ～ 220 cm，树高 550 ～ 600 cm，冠幅 400 ～ 450 cm	11	株	全冠，树形饱满，无病害
8	油松 C	地径 10 ～ 12 cm，枝下高 150 ～ 180 cm，树高 350 ～ 400 cm，冠幅 250 ～ 300 cm	5	株	全冠，树形饱满，无病害
9	华山松 A	地径 15 ～ 18 cm，枝下高 200 ～ 220 cm，树高 500 ～ 600 cm，冠幅 350 ～ 400 cm	8	株	全冠，树形饱满，无病害
10	华山松 B	地径 10 ～ 12 cm，枝下高 200 ～ 220 cm，树高 300 ～ 400 cm，冠幅 250 ～ 300 cm	7	株	全冠，树形饱满，无病害
11	圆柏 A	树高 500 ～ 550 cm，冠幅 220 ～ 250 cm	11	株	全冠，树形饱满，无病害
12	圆柏 B	树高 350 ～ 400 cm，冠幅 180 ～ 200 cm	25	株	全冠，树形饱满，无病害
13	白皮松	地径 15 ～ 18 cm，树高 400 ～ 500 cm，冠幅 350 ～ 400 cm	7	株	全冠，树形饱满，无病害
14	榆树	胸径 35 ～ 40 cm，枝下高 250 ～ 300 cm，树高 1 000 ～ 1 200 cm，冠幅 500 ～ 550 cm	4	株	全冠，树形饱满，无病害
15	白蜡 A	胸径 25 ～ 28 cm，枝下高 220 ～ 250 cm，树高 800 ～ 900 cm，冠幅 500 ～ 550 cm	8	株	全冠，树形饱满，无病害
16	白蜡 B	胸径 20 ～ 22 cm，枝下高 220 ～ 250 cm，树高 700 ～ 800 cm，冠幅 400 ～ 450 cm	15	株	全冠，树形饱满，无病害
17	国槐 A	胸径 22 ～ 25 cm，枝下高 220 ～ 250 cm，树高 700 ～ 800 cm，冠幅 500 ～ 550 cm	17	株	全冠，树形饱满，无病害
18	国槐 B	胸径 15 ～ 18 cm，枝下高 220 ～ 250 cm，树高 600 ～ 700 cm，冠幅 400 ～ 450 cm	38	株	全冠，树形饱满，无病害
19	栾树	胸径 15 ～ 18 cm，枝下高 220 ～ 250 cm，树高 600 ～ 700 cm，冠幅 350 ～ 400 cm	41	株	全冠，树形饱满，无病害
20	红花洋槐	胸径 12 ～ 15 cm，枝下高 220 ～ 250 cm，树高 600 ～ 700 cm，冠幅 350 ～ 400 cm	7	株	全冠，树形饱满，无病害

续表

序号	苗木名称	规格	数量	单位	备注
21	丛生元宝枫 A	单干地径大于 10 cm，8 分枝以上，高 500 ～ 550 cm，冠幅 600 cm 以上	8	株	特型树，全冠，树形饱满，无病害
22	丛生元宝枫 B	单干地径大于 8 cm，6 分枝以上，高 450 ～ 500 cm，冠幅 500 cm 以上	14	株	特型树，全冠，树形饱满，无病害
23	丛生蒙古栎	单干地径大于 12 cm，6 分枝以上，高 700 ～ 800 cm，冠幅 650 cm 以上	12	株	特型树，全冠，树形饱满，无病害
24	蒙古栎 A	胸径 32 ～ 35 cm，枝下高 260 ～ 280 cm，树高 1 200 cm 以上，冠幅 600 cm 以上	9	株	全冠，树形饱满，无病害
25	蒙古栎 B	胸径 25 ～ 28 cm，枝下高 240 ～ 260 cm，树高 1 000 ～ 1 200 cm，冠幅 500 ～ 550 cm	14	株	全冠，树形饱满，无病害
26	五角枫 A	胸径 25 ～ 28 cm，枝下高 240 ～ 260 cm，树高 1 000 ～ 1 200 cm，冠幅 550 ～ 600 cm	15	株	全冠，树形饱满，无病害
27	五角枫 B	胸径 15 ～ 18 cm，枝下高 220 ～ 250 cm，树高 700 ～ 800 cm，冠幅 450 ～ 500 cm	84	株	全冠，树形饱满，无病害
28	元宝枫 A	胸径 22 ～ 25 cm，枝下高 220 ～ 250 cm，树高 700 ～ 800 cm，冠幅 500 ～ 550 cm	22	株	全冠，树形饱满，无病害
29	元宝枫 B	胸径 15 ～ 18 cm，枝下高 220 ～ 250 cm，树高 650 ～ 750 cm，冠幅 450 ～ 500 cm	5	株	全冠，树形饱满，无病害
30	银杏 A	胸径 30 ～ 32 cm，枝下高 250 ～ 280 cm，树高 1 200 cm，冠幅 600 cm 以上	9	株	全冠，树形挺拔，无病害
31	银杏 B	胸径 23 ～ 25 cm，分枝点 220 ～ 250 cm，树高 700 ～ 800 cm，冠幅 450 ～ 500 cm	15	株	全冠，树形挺拔，无病害
32	千头椿	胸径 28 ～ 29 cm，枝下高 250 ～ 280 cm，树高 900 ～ 1 000 cm，冠幅 500 ～ 550 cm	15	株	全冠，树形挺拔，无病害
33	黄金槐	胸径 12 ～ 15 cm，枝下高 180 ～ 200 cm，树高 500 ～ 600 cm，冠幅 350 ～ 400 cm	25	株	全冠，树形挺拔，无病害
34	八棱海棠 A	地径 15 ～ 18 cm，枝下高 50 ～ 80 cm，树高 400 ～ 500 cm，冠幅 350 ～ 400 cm	7	株	全冠，树形挺拔，无病害
35	八棱海棠 B	地径 12 ～ 15 cm，枝下高 50 ～ 80 cm，树高 400 ～ 500 cm，冠幅 300 ～ 350 cm	2	株	全冠，树形挺拔，无病害
36	西府海棠 A	地径 12 ～ 15 cm，枝下高 50 ～ 80 cm，树高 400 ～ 500 cm，冠幅 300 ～ 350 cm	10	株	全冠，树形饱满，无病害
37	西府海棠 B	地径 8 ～ 10 cm，枝下高 50 ～ 80 cm，树高 200 ～ 300 cm，冠幅 200 ～ 250 cm	33	株	全冠，树形饱满，无病害
38	丛生山丁子	单干地径大于 5 cm，4 分枝以上，高 300 ～ 400 cm，冠幅 350 cm 以上	9	株	全冠，树形饱满，无病害
39	山杏 A	地径 12 ～ 15 cm，枝下高 50 ～ 80 cm，树高 300 ～ 350 cm，冠幅 300 ～ 350 cm	18	株	全冠，树形饱满，无病害

续表

序号	苗木名称	规格	数量	单位	备注
40	山杏 B	地径 10 ～ 12 cm，枝下高 50 ～ 80 cm，树高 250 ～ 300 cm，冠幅 250 ～ 300 cm	4	株	全冠，树形饱满，无病害
41	紫叶李	地径 10 ～ 12 cm，枝下高 80 ～ 100 cm，树高 300 ～ 380 cm，冠幅 220 ～ 250 cm	29	株	全冠，树形饱满，无病害
42	碧桃	地径 10 ～ 12 cm，枝下高 50 ～ 80 cm，树高 200 ～ 300 cm，冠幅 220 ～ 250 cm	8	株	全冠，树形饱满，无病害
43	白玉兰 A	地径 15 ～ 18 cm，枝下高 100 ～ 150 cm，树高 500 ～ 600 cm，冠幅 400 ～ 450 cm	4	株	全冠，树形饱满，无病害
44	白玉兰 B	地径 10 ～ 12 cm，枝下高 80 ～ 100 cm，树高 300 ～ 400 cm，冠幅 250 ～ 300 cm	15	株	全冠，树形饱满，无病害
45	柿子树	地径 12 ～ 15 cm，枝下高 120 ～ 150 cm，树高 350 ～ 400 cm，冠幅 280 ～ 300 cm	2	株	全冠，树形饱满，无病害
46	柳树	地径 20 ～ 22 cm，枝下高 200 ～ 220 cm，树高 700 ～ 800 cm，冠幅 400 ～ 450 cm	2	株	全冠，树形饱满，无病害
47	石榴	地径 10 ～ 12 cm，树高 250 ～ 280 cm，冠幅 230 ～ 300 cm	3	株	全冠，树形饱满，无病害
48	鸡爪槭	地径 12 ～ 15 cm，枝下高 120 ～ 150 cm，树高 350 ～ 400 cm，冠幅 280 ～ 300 cm	13	株	全冠，树形饱满，无病害
49	红枫 A	地径 8 ～ 10 cm，枝下高 80 ～ 100 cm，树高 250 ～ 300 cm，冠幅 200 ～ 250 cm	7	株	全冠，树形饱满，无病害
50	红枫 B	地径 4 ～ 6 cm，枝下高 50 ～ 60 cm，树高 200 ～ 250 cm，冠幅 150 ～ 180 cm	6	株	全冠，树形饱满，无病害
51	马褂木	地径 15 ～ 18 cm，树高 350 ～ 400 cm，冠幅 300 ～ 350 cm	12	株	全冠，树形饱满，无病害
52	梨树	地径 15 ～ 18 cm，树高 300 ～ 350 cm，冠幅 250 ～ 280 cm	6	株	全冠，树形饱满，无病害
53	梅／李／杏	地径 12 ～ 15 cm，枝下高 120 ～ 150 cm，树高 350 ～ 400 cm，冠幅 350 ～ 400 cm	6	株	全冠，树形饱满，无病害
54	大山樱	地径 12 ～ 15 cm，枝下高 150 ～ 180 cm，树高 400 ～ 450 cm，冠幅 350 ～ 400 cm	13	株	全冠，树形饱满，无病害
55	龙爪槐	地径 12 ～ 15 cm，枝下高 120 ～ 150 cm，树高 300 ～ 350 cm，冠幅 280 ～ 300 cm	4	株	特型树，全冠，树形饱满，无病害
56	龙爪榆	地径 12 ～ 15 cm，枝下高 120 ～ 150 cm，树高 300 ～ 350 cm，冠幅 280 ～ 300 cm	6	株	特型树，全冠，树形饱满，无病害

表 5-7 灌木表（一）

序号	苗木名称	高度冠幅	数量	单位	备注
1	金银木	H2.5 ~ 3.0 m，W2.2 ~ 2.5 m	38	株	丛生，6 分枝以上，单干地径大于 3 cm
2	丛生紫薇	H1.8 ~ 2.0 m，W1.5 ~ 1.8 m	2	株	丛生，10 分枝以上，单干地径大于 1 cm
3	石榴	H2.5 ~ 3.0 m，W2.2 ~ 2.5 m	6	株	丛生，6 分枝以上，单干地径大于 5 cm
4	黄刺玫	H1.6 ~ 1.8 m，W1.6 ~ 1.8 m	12	株	丛生，6 分枝以上，单干地径大于 5 cm
5	丁香	H1.8 ~ 2.0 m，W1.5 ~ 1.6 m	126	株	丛生，4 分枝以上，单干地径大于 5 cm
6	连翘	H1.8 ~ 2.0 m，W1.3 ~ 1.5 m	6	株	丛生，4 分枝以上，单干地径大于 5 cm
7	丛生榆叶梅	H1.5 ~ 1.8 m，W1.8 ~ 2.0 m	32	株	丛生，8 分枝以上，单干地径大于 3 cm
8	红王子锦带	H1.5 ~ 1.8 m，W1.2 ~ 1.5 m	16	株	丛生，6 分枝以上，单干地径大于 3 cm
9	天目琼花	H1.6 ~ 1.8 m，W1.5 ~ 1.6 m	14	株	丛生，6 分枝以上，单干地径大于 3 cm
10	珍珠梅	H1.5 ~ 1.8 m，W1.2 ~ 1.5 m	6	株	丛生，10 分枝以上，单干地径大于 2 cm
11	美人蕉	H1.2 ~ 1.5 m，W0.8 ~ 1.0 m	10	株	丛生，树形独特，姿态优美
12	造型紫薇	H1.2 ~ 1.5 m，W1.2 ~ 1.3 m	6	株	丛生，树形独特，姿态优美
13	迎春	H0.8 ~ 1.0 m，W1.0 ~ 1.2 m	12	株	丛生，15 分枝以上，单干地径大于 1 cm
14	复叶槭	H0.8 ~ 1.8 m，W2.0 ~ 2.2 m	12	株	D7 ~ 8 cm，树形独特，姿态优美
15	黄栌	H0.8 ~ 1.8 m，W2.0 ~ 2.2 m	52	株	D7 ~ 8 cm，树形独特，姿态优美
16	金叶接骨木	H1.5 ~ 1.8 m，W1.2 ~ 1.5 m	8	株	丛生，常年异色叶，姿态优美
17	金叶风箱果	H1.2 ~ 1.5 m，W1.2 ~ 1.8 m	14	株	丛生，常年异色叶，姿态优美
18	铺地柏	H0.5 ~ 0.8 m，W0.8 ~ 1.0 m	25	株	丛生，与景石搭配，姿态优美

注：H 指树高，W 指冠幅，D 指地径，后同。

表 5-8 灌木表（二）

序号	苗木名称	高度冠幅	数量	单位	备注
1	金叶女贞球 A	H1.5 ~ 1.8 m，W1.5 ~ 1.8 m	11	株	球形，严格达到冠幅及高度要求
2	金叶女贞球 B	H1.0 ~ 1.2 m，W1.0 ~ 1.2 m	197	株	球形，严格达到冠幅及高度要求
3	大叶黄杨球 A	H1.8 ~ 2.0 m，W1.8 ~ 2.0 m	14	株	球形，严格达到冠幅及高度要求
4	大叶黄杨球 B	H1.2 ~ 1.5 m，W1.2 ~ 1.5 m	123	株	球形，严格达到冠幅及高度要求
5	大叶黄杨球 C	H0.8 ~ 1.0 m，W0.8 ~ 1.0 m	63	株	球形，严格达到冠幅及高度要求
6	紫叶小檗球 A	H1.5 ~ 1.8 m，W1.5 ~ 1.8 m	10	株	球形，严格达到冠幅及高度要求
7	紫叶小檗球 B	H1.0 ~ 1.2 m，W1.0 ~ 1.2 m	53	株	球形，严格达到冠幅及高度要求

序号	苗木名称	高度冠幅	数量	单位	备注
8	圆柏球 A	H1.5~1.8 m，W1.5~1.8 m	11	株	球形，严格达到冠幅及高度要求
9	圆柏球 B	H1.0~1.2 m，W1.0~1.2 m	28	株	球形，严格达到冠幅及高度要求
10	三角枫球 A	H1.5~1.8 m，W1.5~1.8 m	22	株	球形，严格达到冠幅及高度要求
11	三角枫球 B	H1.0~1.2 m，W1.0~1.2 m	60	株	球形，严格达到冠幅及高度要求
12	丁香球	H2.0~2.5 m，W2.0~2.5 m	14	株	球形，严格达到冠幅及高度要求
13	卫矛球	H2.0~2.5 m，W2.0~2.5 m	4	株	球形，严格达到冠幅及高度要求
14	小叶黄杨球 A	H1.8~2.0 m，W1.8~2.0 m	5	株	球形，严格达到冠幅及高度要求
15	小叶黄杨球 B	H1.2~1.5 m，W1.2~1.5 m	9	株	球形，严格达到冠幅及高度要求
16	小叶黄杨球 C	H0.8~1.0 m，W0.8~1.0 m	6	株	球形，严格达到冠幅及高度要求

注：特型树和点景树需要甲方和设计方共同确定，选择树形优美的苗木。

表 5-9 地被表

序号	苗木名称	规格	数量	单位	备注
1	八宝景天	高 30~35 cm	245	m²	
2	鸢尾	高 35~40 cm	42	m²	
3	金娃娃萱草	高 30~40 cm	46	m²	
4	荷兰菊	高 30~40 cm	33	m²	
5	大花月季	高 30~40 cm	17	m²	
6	宿根福禄考	高 30~40 cm	14	m²	
7	玉簪	高 25~35 cm	352	m²	
8	金叶女贞	修剪后高 40~45 cm	511	m²	
9	紫叶小檗	修剪后高 40 cm	207	m²	
10	大叶黄杨	修剪后高 40 cm	571	m²	
11	小叶黄杨	修剪后高 40 cm	580	m²	
12	金山绣线菊	高 30~40 cm	124	m²	
13	金焰绣线菊	高 20~25 cm	90	m²	
14	蓝花鼠尾草	高 30~40 cm	330	m²	
15	非洲凤仙	高 15~25 cm	208	m²	
16	白晶菊	高 15~20 cm	324	m²	

续表

序号	苗木名称	规格	数量	单位	备注
17	波斯菊	高 15 ~ 20 cm	130	m²	
18	金鸡菊	高 40 ~ 45 cm	50	m²	
19	早园竹	干径 2 ~ 3 cm，高 250 ~ 300 cm	177	m²	
20	金镶玉竹	干径 3 ~ 4 cm，高 300 ~ 350 cm	54	m²	
21	紫竹	干径 2 ~ 3 cm，高 250 ~ 300 cm	31	m²	
22	棣棠	高 80 ~ 100 cm	215	m²	
23	草坪	—	1945	m²	冷季型草坪

2. 居住区绿化植物的应用调查与配植设计

明确调查任务后制订任务计划；在给定绿地进行现场调查，了解调查地的自然条件和周围环境；明确调查地的园林植物的种类，各种植物的主要识别特征、生态习性，植物规格；绘制现有植物的种植分布草图并进行应用分析；对调查所在地的植物配置进行综合分析评价，总结优缺点，并提出改进方案。参考格式如下：

居住区绿化植物应用调查分析报告

姓名：_____ 班级：_____ 调查时间：_____

1. 调查区范围及地理情况

2. 调查植物信息（表 5-10 至表 5-12）

（1）植物配植表

表 5-10 植物配植表

序号	植物名称	图片	识别要点	生态习性	观赏特性	应用形式
1						
2						
3						
4						
5						
6						

续表

序号	植物名称	图片	识别要点	生态习性	观赏特性	应用形式
7						
8						
9						
10						
…						

（2）植物种植草图及应用分析

（3）优化方案及说明

表 5-11 考核内容及评分标准（学生用）

班级		姓名		日期			
序号	评价要点			评价标准			
				优	良	中	差
1	按时出勤，遵守课堂纪律						
2	吃苦耐劳，能与老师、同学进行多向、丰富、适宜的信息交流						
3	能有效利用网络、图书资源等查找相关信息						
4	积极参与调研，能够提出有意义的问题或发表有意义的见解						
5	有计划地开展调研；能发现、提出有价值的问题；能分析问题、解决问题、创新问题						
6	保质保量按时完成调研报告；较好地掌握了专业知识点；具有较强的信息搜集和分析能力；具有较强的逻辑思维能力和表达能力						
课堂小结							

表 5-12 考核内容及评分标准（教师用）

班级		姓名		日期			
出勤情况							
序号	评价要点			评价标准			
				优	良	中	差
1	明确任务要求，并能清晰描述						
2	材料、工具准备充分						
3	有调研计划						
4	积极主动，注意方法						
5	调研报告符合要求，内容全面、条理清晰、图文并茂						
6	植物的形态特征、主要习性、园林应用及效果分析准确恰当						
7	提出的改进方案科学合理						
课堂小结							

任务三 城市公园的园林植物造景设计

工作任务

1. 任务提出

分析案例，巩固植物识别技能；了解公园植物造景的原则，理解公园各功能区的植物造景方法和植物选择要求。对指定公园的植物进行全面深入的调查分析。

2. 任务分析

公园绿地是城市绿地系统的重要组成部分，对城市面貌、环境保护、社会生活起着重要作用。相较于其他区域的园林，公园的园林要素更加全面，绿化形式更为多样，植物种类也更加丰富。在本部分的学习中，要综合应用植物造景、园林设计相关基础知识，理解各功能区植物造景的方法和选择要求，并对这些功能区的绿化种植设计进行评价。

3. 任务要求

（1）对案例的绿化种植设计进行评价；

（2）实地调查本地区某一公园的绿化种植情况并形成调查报告。

学习目标

1. 知识目标

（1）巩固植物识别技能；

（2）了解公园植物造景的原则；

（3）明确公园各功能区的植物造景方法和植物选择要求。

2. 能力目标

（1）能利用植物识别软件和相关数据库识别案例中的植物；

（2）能根据区域自然条件合理选择植物进行配植设计。

3. 思政目标

（1）培养学生自主学习的能力；

（2）培养学生分析问题和解决问题的能力；

（3）培养学生的团队意识与合作精神。

任务实施

一、材料和用具

设计图纸、记录本、电脑等。

二、任务步骤

1. 公园植物配植案例分析

1）项目概况

项目位于南京江宁经济技术开发区。江宁经济技术开发区地处沿海和长江经济发展带的交汇处，华东中心城市——南京市都市圈内。

基于上层规划的要求以及场地的现状条件，本场地定位于主题公园和居住社区配套的郊野型集中绿地，具城市滨水景观和自然湿地特征。这一特征使该场地成为主题公园重要的背景景观，并具有一定的水质净化功能。自然湿地的特色使游园者仿佛置身于自然山水与林沼的景色之中，形成与主题公园截然不同的景观体验。整体布局如图5-14所示。

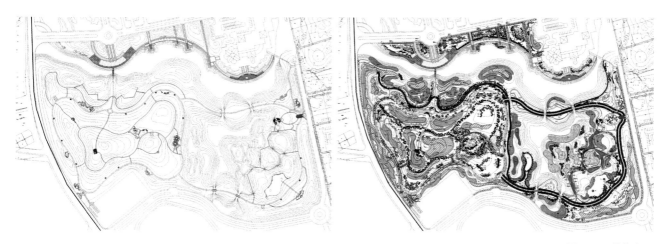

图 5-14 整体布局

2）设计原则

（1）自然化原则

为保护原生湿地景观，在原生湿地外围缓冲区域以营造天然植物景观为主。

（2）生态性原则

从湿地的健康生态系统出发，建立完好健康的植物群落以发挥原生湿地的生态效益。

（3）多样性原则

构建健康的湿地植物群落，应增加现有植物群落的丰富度，以恢复湿地植物的多样性。

（4）地方性原则

在植物的选择上，以南京本地植物为主，充分发挥地方性特色。

3）布局特点（图5-15至图5-19）

图5-15 布局一

图5-16 布局二

灵沼瑞莲：

　　处于整个湿地区域的最前沿，植物高度最低，借景远山，以竹林为背景。大面积地种植荷花和睡莲，以水平线条为主要观赏面，突出大水面，区别于其他两个湿地的植物景观特点。

　　在各个岛屿上种植水杉、枫香等高大乔木，形成变化的林冠线。

　　在两端，人为活动可达的区域，密植各个品种的荷花、睡莲等适合近距离观赏的水生植物。而在认为活动不可达的区域种植大面积的荇菜、芦苇等以色块表达为主的植物。

灵沼瑞莲景点植物

水杉、枫香、红枫

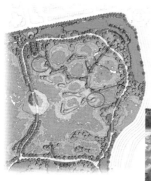

近距离赏荷　　　　　远观荷塘效果示意

图 5-17 布局三

江江瑟瑟：

植物特点就是色彩艳丽，首先改变驳岸的种植方式，将花灌木直接临水种植，以樱花、杜鹃为主，深红浅粉成为早春的风景线，岸边种植大面积的千屈菜，勾勒一个宁静的湖面。

江江瑟瑟景点植物

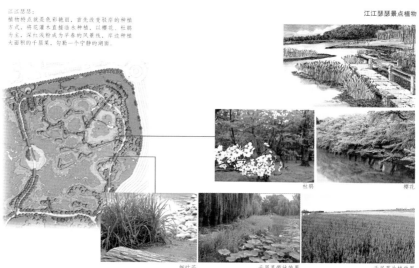

杜鹃　　　樱花

细叶芒　　千屈菜带状效果　　千屈菜片植效果

图 5-18 布局四

栈道植物：

栈道植物景观分为外侧和内侧两种。外侧从外围看栈道，其被植物围合，设计采用垂柳—刚竹—芦苇这样的植株结构形成三个植株层次；内侧采用芦苇（120~150 cm）围合，形成幽静的林中小道，局部位置采用开敞式处理，各种色彩丰富的观赏草点缀其中。

栈道植物

垂柳—刚竹—芦苇　　大叶柳

高层：
岛屿种植模式：垂柳—刚竹—芦苇形成三个高低错落的层次，同时成为整个湿地景观的绿色背景。

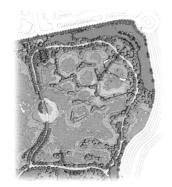

芦苇（秋）　　芦苇（春）

中层：
栈道两侧植物，重视围合荫庇的空间效果，以芦苇、芦竹（120~150 cm）为主，让栈道在其中穿栈。

金叶芒　　　金叶苔

低层：
在芦苇丛中点缀各种观赏草，如狼尾草、金叶芒等植物，丰富色彩效果。

图 5-19 布局五

4）植物配置（表 5-13 至表 5-16）

表 5-13 大乔木苗木表

序号	中文名	规格 /cm				备注
		胸径	高度	冠幅	分枝点	
1	香樟 A	15 ~ 17	700 ~ 750	500 ~ 550	200 ~ 230	树干挺拔，树冠完整，树形优美
2	香樟 B	25 ~ 27	850 ~ 900	600 ~ 650	250 ~ 270	树干挺拔，一级分枝不少于 4
3	广玉兰	18 ~ 20	750 ~ 800	350 ~ 400	200 ~ 230	树干挺拔，一级分枝不少于 4
4	雪松 A	—	700 ~ 800	450 ~ 500	—	主干直，无偏冠，无断头，树冠完整，树形优美
5	雪松 B	—	1 000 ~ 1 200	650 ~ 750	—	主干直，无偏冠，无断头，树冠完整，树形优美
6	罗汉松	11 ~ 13	330 ~ 360	80 ~ 100	80 ~ 100	实生，主干挺拔，全冠
7	乐昌含笑	11 ~ 13	360 ~ 390	160 ~ 180	160 ~ 180	实生，主干挺拔，全冠
8	苏铁	—	120 ~ 150	150 ~ 200	—	树冠完整，饱满，树形优美
9	水杉	8 ~ 9	750 ~ 800	250 ~ 280	180 ~ 200	树干挺拔，树冠完整，树形优美
10	榉树	18 ~ 20	750 ~ 800	550 ~ 600	230 ~ 250	树干挺拔，一级分枝不少于 4
11	朴树	18 ~ 20	750 ~ 800	550 ~ 600	230 ~ 250	树干挺拔，一级分枝不少于 4
12	银杏（实生）	18 ~ 20	750 ~ 800	400 ~ 450	210 ~ 230	实生，主干挺拔，全冠
13	法桐（无飞絮）	18 ~ 20	—		250 ~ 270	保留三级分叉，树形饱满优美
14	黄山栾树	13 ~ 15	500 ~ 550	400 ~ 450	200 ~ 230	保留三级分叉，树形饱满优美
15	白玉兰	18 ~ 20	750 ~ 800	350 ~ 400	200 ~ 230	树冠完整，树形优美
16	元宝枫	13 ~ 15	400 ~ 450	250 ~ 300	80 ~ 100	不少于四级分枝
17	乌桕	15 ~ 17	600 ~ 650	400 ~ 450	230 ~ 250	树干挺拔，树形优美，饱满
18	垂柳	15 ~ 18	450 ~ 480	300 ~ 330	200 ~ 230	树冠完整，树形优美
19	枫香	18 ~ 20	800 ~ 850	550 ~ 600	200 ~ 230	树冠完整，树形优美
20	合欢	15 ~ 17	550 ~ 600	500 ~ 550	210 ~ 230	树干挺拔，一级分枝不少于 4
21	榔榆	38 ~ 40	900 ~ 950	750 ~ 800	270 ~ 290	树干挺拔，一级分枝不少于 4

表 5-14 小乔木苗木表

序号	中文名	规格 /cm				备注
		地径	高度	冠幅	分枝点	
1	垂丝海棠	7 ~ 8	240 ~ 270	100 ~ 130	80 ~ 100	树冠完整，树形优美
2	碧桃（红花）	7 ~ 8	240 ~ 270	100 ~ 130	80 ~ 100	树冠完整，树形优美
3	桂花（丛生）	—	210 ~ 240	180 ~ 210	40 ~ 60	树形饱满，丛生分枝不少于 5
4	金桂（丛生）	—	330 ~ 360	250 ~ 280	50 ~ 80	树形饱满，丛生分枝不少于 5
5	红枫 A	6 ~ 7	250 ~ 300	200 ~ 250	130 ~ 150	树冠完整，树形优美

续表

序号	中文名	规格 /cm				备注
		地径	高度	冠幅	分枝点	
6	红枫 B	10 ～ 12	350 ～ 400	250 ～ 300	130 ～ 150	树冠完整，树形优美
7	枇杷	11 ～ 14	270 ～ 300	200 ～ 230	150 ～ 180	树冠完整，树形优美
8	樱花	6 ～ 7	200 ～ 250	300 ～ 350	130 ～ 150	树冠完整，树形优美
9	紫薇	7 ～ 8	270 ～ 300	—	—	树冠完整，树形优美
10	石榴	7 ～ 8	240 ～ 270	100 ～ 130	—	树冠完整，树形优美
11	红梅	6 ～ 7	240 ～ 270	100 ～ 130	80 ～ 100	树冠完整，树形优美
12	红叶李	6 ～ 7	330 ～ 350	200 ～ 230	80 ～ 100	树冠完整，树形优美
13	鸡爪槭	6 ～ 7	250 ～ 300	200 ～ 250	130 ～ 150	树冠完整，树形优美

表 5-15 灌木及地被表

序号	中文名	规格 /cm		备注
		高度（修剪后）	蓬径	
1	山茶	80	50 ～ 60	9 株 /m²
2	桂花	80	50 ～ 60	9 株 /m²
3	含笑	80	50 ～ 60	9 株 /m²
4	枸骨	80	50 ～ 60	9 株 /m²
5	洒金桃叶珊瑚	50	30 ～ 40	25 株 /m²
6	大叶栀子	50	30 ～ 40	25 株 /m²
7	八角金盘	50	40 ～ 50	12 株 /m²
8	红叶石楠	50	40 ～ 50	16 株 /m²
9	海桐	50	30 ～ 40	25 株 /m²
10	熊掌木	40	30 ～ 40	25 株 /m²
11	阔叶十大功劳	40	30 ～ 40	25 株 /m²
12	南天竹	40	30 ～ 40	25 株 /m²
13	春鹃	40	30 ～ 40	25 株 /m²
14	金叶女贞	40	30 ～ 40	25 株 /m²
15	银边黄杨	40	30 ～ 40	25 株 /m²
16	大叶黄杨	40	30 ～ 40	25 株 /m²
17	红花檵木	40	30 ～ 40	25 株 /m²，三年生
18	紫鹃	20	20	36 株 /m²
19	亮绿忍冬	20	20	36 株 /m²

续表

序号	中文名	规格 /cm		备注
		高度（修剪后）	蓬径	
20	茶梅	20	20	36 株 /m²
21	麦冬	—	—	满铺
22	吉祥草	—	—	满铺
23	书带草	—	—	满铺
24	金叶苔草	—	—	满铺

表 5-16 湿地植物表

序号	类型	中文名	规格 /cm		备注
			高度（修剪后）	蓬径	
1	挺水，湿生	芦竹	150		36 株 /m²，常绿，3 ～ 10 芽 / 丛
2	挺水，湿生	花叶芦竹	100		36 株 /m²，常绿，6 ～ 10 芽 / 丛
3	湿生	芦苇	150		64 丛 /m²，1 ～ 3 芽 / 丛
4	挺水，湿生	水葱	120		64 株 /m²
5	挺水，湿生	美人蕉	120		25 株 /m²
6	挺水，湿生	花叶美人蕉	100		25 株 /m²
7	挺水	再力花	120		36 株 /m²，10 ～ 20 芽 / 丛
8	挺水	香蒲	100		49 株 /m²，1 ～ 3 芽 / 丛
9	挺水	花叶香蒲	100		49 株 /m²
10	挺水，湿生	花叶水葱	100		64 株 /m²
11	挺水	荷花	100		3 枝 /m²，5 ～ 6 枝丛植
12	挺水	海芋	80		1 ～ 2 株 /m²
13	挺水	慈姑	80		36 株 /m²
14	挺水，湿生	千屈菜	50 ～ 60		36 株 /m²
15	挺水，湿生	黄菖蒲	50		36 株 /m²
16	挺水	旱伞草	80		16 丛 /m²，3 ～ 5 芽 / 丛
17	湿生	西伯利亚鸢尾	50		36 株 /m²，常绿、紫花
18	挺水	紫芋	40		36 丛 /m²
19	浮水	荇菜			36 株 /m²
20	浮水	芡实			36 株 /m²
21	浮水	睡莲			5 ～ 6 枝丛植

2. 公园植物的应用调查与配植设计

明确调查任务后制订任务计划；在给定公园进行现场调查，了解调查地的自然条件和周围环境；明确调查地的园林植物的种类，各种植物的主要识别特征、生态习性，植物规格；选定几个区域，绘制现有植物的种植分布草图并进行应用分析；对调查所在地的植物配植进行综合分析评价，总结优缺点，并提出改进方案。参考格式如下：

公园绿化植物应用调查分析报告

姓名：_____   班级：_____   调查时间：_____

1. 调查区范围及地理情况

2. 调查植物信息（表 5-17 至表 5-19）

（1）植物配植表

表 5-17 植物配植表

序号	植物名称	图片	识别要点	生态习性	观赏特性	应用形式
1						
2						
3						
4						
5						
6						
7						
8						
9						
10						
...						

（2）植物种植草图及应用分析

（3）优化方案及说明

表 5-18 考核内容及评分标准（学生用）

班级		姓名		日期			
序号	评价要点			评价标准			
				优	良	中	差
1	按时出勤，遵守课堂纪律						
2	吃苦耐劳，能与老师、同学进行多向、丰富、适宜的信息交流						
3	能有效利用网络、图书资源等查找相关信息						
4	积极参与调研，能够提出有意义的问题或发表有意义的见解						
5	有计划地开展调研；能发现、提出有价值的问题；能分析问题、解决问题、创新问题						
6	保质保量按时完成调研报告；较好地掌握了专业知识点；具有较强的信息搜集和分析能力；具有较强的逻辑思维能力和表达能力						
课堂小结							

表 5-19 考核内容及评分标准（教师用）

班级		姓名		日期			
出勤情况							
序号	评价要点			评价标准			
				优	良	中	差
1	明确任务要求，并能清晰描述						
2	材料、工具准备充分						
3	有调研计划						
4	积极主动，注意方法						
5	调研报告符合要求，内容全面、条理清晰、图文并茂						
6	植物的形态特征、主要习性、园林应用及效果分析准确恰当						
7	提出的改进方案科学合理						
课堂小结							

任务四　庭院的植物造景设计

工作任务

1. 任务提出
在指定庭院进行现场调查，对庭院的设计及植物配植进行全面深入的调查分析。

2. 任务分析
庭院的园林绿化设计是整个院落建设中的重要组成部分，庭院绿化不仅可以美化环境、陶冶情操，还能集休闲娱乐于一体。本任务的完成首先要了解调查地的自然条件和业主的要求；其次要准确识别选用的植物，了解所选植物的观赏点、生态习性；最后参考相关学科知识，综合分析评价所选用的植物是否合理。通过完成庭院植物造景设计的学习，学生能更深入地理解庭院绿化对植物的要求，明确可用于庭院绿化的常见植物。

3. 任务要求
实地调查指定的庭院并形成调查报告。

学习目标

1. 知识目标
（1）巩固植物识别技能；
（2）了解庭院设计的特点、基本功能要求；
（3）明确庭院植物配置的原则和方法。

2. 能力目标
（1）能利用植物识别软件和相关数据库识别案例中的植物；
（2）能根据区域自然条件合理选择植物进行配植设计。

3. 思政目标
（1）培养学生自主学习的能力；
（2）培养学生分析问题和解决问题的能力；
（3）培养学生的团队意识与合作精神。

任务实施

一、材料和用具
设计图纸、记录本、电脑等。

二、任务步骤

1. 案例学习
在网上搜索相关案例，自行学习。

2. 庭院植物的应用调查与配植设计
在给定庭院进行现场调查，了解调查地的自然条件和业主的要求；明确被调查庭院的园林植物种类，各种植物的主要识别特征、生态习性、规格；绘制现有植物的种植分布草图并进行应用分析；对调查所在地的植物配植进行综合分析评价，总结优缺点，并提出改进方案；完成调查报告。参考格式如下：

庭院绿化植物应用调查分析报告

姓名：＿＿＿＿＿＿　　班级：＿＿＿＿＿＿　　调查时间：＿＿＿＿＿＿

1. 调查区范围及地理情况

2. 调查植物信息（表 5-20 至表 5-22）

（1）植物配植表

表 5-20 植物配植表

序号	植物名称	图片	识别要点	生态习性	观赏特性	应用形式
1						
2						
3						
4						
5						
6						
7						
8						
9						
10						
...						

（2）植物种植草图及应用分析

（3）优化方案及说明

表 5-21 考核内容及评分标准（学生用）

班级		姓名		日期			
序号	评价要点			评价标准			
				优	良	中	差
1	按时出勤，遵守课堂纪律						
2	吃苦耐劳，能与老师、同学进行多向、丰富、适宜的信息交流						
3	能有效利用网络、图书资源等查找相关信息						
4	积极参与调研，能够提出有意义的问题或发表有意义的见解						
5	有计划地开展调研；能发现、提出有价值的问题；能分析问题、解决问题、创新问题						
6	保质保量按时完成调研报告；较好地掌握了专业知识点；具有较强的信息搜集和分析能力；具有较强的逻辑思维能力和表达能力						
课堂小结							

表 5-22 考核内容及评分标准（教师用）

班级		姓名		日期			
出勤情况							
序号	评价要点			评价标准			
				优	良	中	差
1	明确任务要求，并能清晰描述						
2	材料、工具准备充分						
3	有调研计划						
4	积极主动，注意方法						
5	调研报告符合要求，内容全面、条理清晰、图文并茂						
6	植物的形态特征、主要习性、园林应用及效果分析准确恰当						
7	提出的改进方案科学合理						
课堂小结							

任务五 植物造景设计训练

工作任务

1. 任务提出
根据提供的资料，进行以植物配置为主题的设计。

2. 任务分析
园林植物是园林工程建设中最重要的材料，植物配置直接影响到园林工程的质量及园林功能的发挥。园林植物的配置要结合植物的类型、生长特性，一方面考虑植物的生境及与其他植物的生态关系，另一方面要考虑是否满足功能需要，是否符合审美及视觉原则，是否与周围环境相和谐。通过完成植物造景设计训练，学生能把握植物造景的方式、特点、要求，依照公园绿地的不同部位和类型，因地制宜地进行绿地设计，使树种选择、植物配置与周围环境和谐统一，充分发挥绿地的综合功能。

3. 任务要求
完成植物配置设计图。

学习目标

1. 知识目标
（1）明白植物配置的重要性；
（2）体会植物配置的要点。

2. 能力目标
（1）熟练使用 CAD 软件；
（2）能根据区域自然条件合理选择植物进行配植设计。

3. 思政目标
（1）培养学生自主学习的能力和动手能力；
（2）培养学生的创新能力；
（3）提升学生的职业素养。

任务实施

一、材料和用具
设计图纸、电脑等。

二、任务步骤
（1）分析资料，明确项目所在地的地理环境、项目设计原则及布局特点；
（2）根据实地条件和相关资料，合理选用植物进行配置；
（3）完成植物配置设计图。

表 5-23 考核内容及评分标准（学生用）

班级		姓名			日期			
序号	评价要点				评价标准			
					优	良	中	差
1	按时出勤，遵守课堂纪律							
2	吃苦耐劳，能与老师、同学进行多向、丰富、适宜的信息交流							
3	能有效利用网络、图书资源等查找相关信息							
4	积极参与调研，能够提出有意义的问题或发表有意义的见解							
5	有计划地开展调研；能发现、提出有价值的问题；能分析问题、解决问题、创新问题							
6	保质保量按时完成设计图纸；较好地掌握了专业知识点；具有较强的信息搜集和分析能力；具有较强的逻辑思维能力和表达能力							
课堂小结								

表 5-24 考核内容及评分标准（教师用）

班级		姓名			日期			
出勤情况								
序号	评价要点				评价标准			
					优	良	中	差
1	明确任务要求，并能清晰描述							
2	材料、工具准备充分							
3	有设计计划							
4	积极主动，注意方法							
5	设计图纸科学性、美观性好							
6	设计立意新颖							
7	植物选择合理；植物种类多样；与周围环境协调统一；植物规格选取合理							
课堂小结								

参考文献

［1］何礼华，汤书福.常用园林植物彩色图鉴［M］.杭州：浙江大学出版社，2012.

［2］中国林木志编辑委员会.中国树木志：第四卷［M］.北京：中国林业出版社，2004.

［3］张天麟.园林树木1 600种［M］.北京：中国建筑工业出版社，2010.

［4］贺丽，蓝颖，苏迅帆.园林植物学［M］.沈阳：东北大学出版社，2018.

［5］齐海鹰.园林树木与花卉［M］.北京：机械工业出版社，2008.

［6］陈秀波，张百川.园林树木识别与应用［M］.武汉：华中科技大学出版社，2012.

［7］董丽，包志毅.园林植物学［M］.北京：中国建筑工业出版社，2013.

［8］卓丽环，陈龙清.园林树木学［M］.2版.北京：中国农业出版社，2019.

［9］闫双喜，刘保国，李永华.景观园林植物图鉴［M］.郑州：河南科学技术出版社，2013.

［10］张韩良.园林植物识别与应用［M］.北京：高等教育出版社，2013.

［11］王全喜，张小平.植物学［M］.2版.北京：科学出版社，2012.

［12］陈其兵.观赏竹配置与造景［M］.北京：中国林业出版社，2007.

［13］胡绍庆.灌木与观赏竹［M］.北京：中国林业出版社，2011.

［14］孙卫邦.观赏藤本及地被植物［M］.北京：中国建筑工业出版社，2005.

［15］林焰.园林花木景观应用图册：乔木分册［M］.北京：机械工业出版社，2014.

［16］吴棣飞，姚一麟.水生植物［M］.北京：中国电力出版社，2011.

［17］林旭，孙华.园林植物造景与施工［M］.武汉：武汉大学出版社，2017.

［18］何礼华，王登荣.园林植物造景应用图析［M］.杭州：浙江大学出版社，2017.

［19］关文灵.园林植物造景［M］.北京：中国水利水电出版社，2013.

［20］徐德嘉，苏州三川营造有限公司.园林植物景观配置［M］.北京：中国建筑工业出版社，2010.

［21］高颖.园林植物造景设计［M］.天津：天津大学出版社，2011.

［22］于晓南，魏民.风景园林专业综合实习指导书——园林树木识别与应用篇［M］.北京：中国建筑工业出版社，2016.

［23］苏雪痕.植物景观规划设计［M］.北京：中国林业出版社，2012.